Lionel Pöffel

Mathematik zwischen Objekten

Zwei moderne platonistische Ansätze zur Philosophie der Mathematik im Vergleich

Lionel Pöffel

MATHEMATIK ZWISCHEN OBJEKTEN

Zwei moderne platonistische Ansätze zur Philosophie der Mathematik im Vergleich

ibidem-Verlag
Stuttgart

Die Deutsche Bibliothek - CIP-Einheitsaufnahme:

Ein Titeldatensatz für diese Publikation ist bei
Der Deutschen Bibliothek erhältlich

∞

Gedruckt auf alterungsbeständigem, säurefreien Papier
Printed on acid-free paper

ISBN: 3-89821-070-7

Printed in Germany

Inhalt

Zusammenfassung: Dieser Artikel stellt die platonistischen Ansätze Michael D. Resniks und Daniel Isaacsons zur Philosophie der Mathematik vor, welche die bekannten Probleme platonistischer Auffassungen durch eine Betonung des Strukturalismus in der Mathematik zu relativieren versuchen. Es wird eine kritische Rekonstruktion der Ontologien beider Autoren, mit einem Schwerpunkt auf Fragen der mathematischen Intuition und Kognition sowie der Referenz versucht. Resniks Holismusansatz wird auf seine Einordnung der Mathematik ins gesamte Wissenschaftssystem überprüft und mit Penelope Maddy eine Platonismuskritik aus einem naturalistischen Standpunkt heraus vorgenommen.

Schlüsselwörter: Mathematik, Philosophie, Platonismus, Struktur, Referenz, Kognition, Intuition, Naturalismus, Holismus

Inhaltsverzeichnis

1. Einleitung

Eine besondere philosophische Stellung im Wissenschaftssystem erhält die Mathematik unter anderem durch ihre Wirkung auf die menschliche Intuition: Rationalität, unumstößliche Wahrheiten, deren Beweisbarkeit und auch die scheinbar deutliche Entscheidbarkeit mathematischer Aussagen nach wahr und falsch gehören vermutlich zum ursprünglichen Eindruck, den die meisten Menschen zumindest anfänglich von der Mathematik haben. Ein Grund hierfür ist vermutlich auch die vielfältige Anwendbarkeit von mathematischen »Wahrheiten«, die sich im alltäglichen Lebensumfeld aufzeigt.

Eine Auffassung der Rolle der Mathematik, die solchen Auffassungen Rechnung trägt, ist der Platonismus in klassischer Ausprägung. Dies ist aus heutiger Sicht natürlich ein Oberbegriff für die Mischung verschiedener Aspekte, die je nach Strömung in unterschiedlicher Ausprägung und Beziehung zueinander auftreten. Eine wichtiger Teilaspekt des Platonismus ist sicherlich die Annahme umfassenden, auch in der uns umgebenden Welt gültigen Wahrheit mathematisch bewiesener Aussagen. Diese Annahme wird als mathematischer Realismus bezeichnet. Wichtig ist überhaupt die Auffassung gegenüber mathematischen Aussagen. Ihre Entscheidbarkeit in Kategorien von wahr und falsch ist für den Platonismus bedeutsam. Dies gilt ebenso für die Unabhängigkeit der Mathematik, ihren Wahrheiten und den Wahrheitswerten ihrer Aussagen vom menschlichen Geist, also ihre gewissermaßen a priori Gegebenheit. Will man unserer Art, Mathematik zu betreiben, einen derart hohen Wahrheitsanspruch zurechnen, muß man sich nun die Frage nach der Fähigkeit des Menschen stellen, mathematische Wahrheiten zu erkennen. Dies geschieht nach dem klassischen Platonismus über eine irgendwie geartete Beziehung zu den Objekten der Mathematik. Da diese in gewisser Hinsicht als existent angenommen werden, ist Referenz epistemisch kein Problem. Aus der vorhin erwähnten Unabhängigkeit der Mathematik vom Menschen folgt natürlich auch, daß Fragen über ein mathematisches Gebiet vor allem aus den Eigenschaften des menschlichen Geistes, seiner begrenzten Fähigheit zur Erkenntnis, resultieren.

Kritik an dieser Sichtweise ist inzwischen vielfältig gewesen, ich möchte nur einige Beispiele aufzählen. So läßt sich fragen, wie die Sicherheit der Kategorisierbarkeit mathematischer Aussagen nach wahr und falsch begründet ist. Andere Wahrheitswerte oder Unentscheidbarkeitsfälle wären vorstellbar, deren mathematische Beweisbarkeit auch. Die Unabhängigkeit der Mathematik vom Menschen steht also in vielfacher Hinsicht auf dem Prüfstand. Ebenso umstritten ist der Umgang mit mathematischen Objekten. Sie sind nicht raumzeitlich im Sinne von Objekten der uns umgebenden Welt, wie können wir sie und die Beziehungen zwischen ihnen also »wahrnehmen«? Wissen wir etwas über ihre Existenz und ihre Beziehungen zu Gegenständen unserer dinglichen Welt? Können wir überhaupt von ihnen sprechen, geben Aussagen über sie einen wissenschaftlichen Sinn? Solche und andere Probleme des Platonismus lassen seine Grundannahmen als nicht trivial, seine anfänglich auch intuitiv leicht zugängliche Erklärung des mathematischen Wahrheitsanspruchs als möglicherweise zu kurz gegriffen erscheinen.

Diese Darstellung ist einerseits sehr schablonenhaft selbst für historische Platonismusformen vor der Jahrhundertwende. Andererseits hat es verschiedene Ansätze gegeben, die genannten und andere Probleme des Platonismus zu überwinden, ohne die umfassende Wahrheit mathematischer Sätze grundlegend relativieren zu müssen. Erhalten haben sich ebenso Versuche, gewisse Grundzüge des ursprünglichen Platonismus mit aktuellen Fragestellungen und Problemen zu vereinbaren. Solche Versuche wären, wenn sie gewissen Erfolg aufweisen, insofern fruchtbar, als damit einige epistemologische und philosophische Probleme der Mathematik dahingehend aufgelöst würden, daß wir wirklich in der Lage sind, von uns unabhängige Wahrheiten zu erkennen.

Zwei dieser Ansätze, die von Michael D. Resnik und Daniel Isaacson, möchte ich in dieser Arbeit ansprechen. Sie sind beide von dem Versuch geprägt, die Probleme des Platonismus von der Seite mathematischer Objekte her zu mildern. Nicht nur die Intuition von solchen mathematischen Objekten, also die Art, wie wir zu Erkenntnissen über sie gelangen[1], ist nicht trivial. Auch der sprachliche Bezug auf sie und damit ihre Untersuchung ist unter anderem deshalb nicht einfach, da sich verschiedenste Gruppen solcher Objekte hinsichtlich unterschiedlicher mathematischer Eigenschaften als austauschbar, also isomorph erwiesen haben. Es ergibt sich, vereinfacht gesagt, das Problem, nie zu wissen mit *welchen* Objekten man sich gerade befaßt, da hinsichtlich gewisser Eigenschaften ja auch andere Objekte in Frage kämen. Die genannten Ansätze haben das Ziel, die mathematischen Themenstellungen und auch die mathematische Systematik von Objekten wie zum Beispiel Zahlen oder Mengen auf die Beziehungen zwischen ihnen zu verlagern, um so epistemologisch akzeptablere Thesen über die philosophische und wissenschaftliche Rolle der Mathematik vertreten zu können.

Wie bereits angedeutet, besteht die Hoffnung der von beiden Philosophen vertretenen Ansichten darin, deutlicher werden zu lassen, was die Bedeutung und der Sinn von Aussagen über mathematische Objekte sein könnten. Ebenso geht es darum zu erklären, wie wir zu Erkenntnissen über mathematische Wahrheiten gelangen, und darum, die Wahrheit wenigstens einiger von uns gemachter Aussagen zu untermauern. Dazu stehen epistemische Fragen an über den Kontakt zu abstrakten Konzepten, wie beispielsweise den Objekten der Mathematik. Rein analytische Argumentationen sind von einem heutigen Wissenschaftsbild sicher nur schwerlich zu begründen. Denn deskriptive Wissenschaftstheorie zeigt, daß keine Wissenschaft, auch nicht die Mathematik, *gänzlich* analytisch im alltäglichen Forschungsbetrieb agiert, daß also viele Voraussetzungen, die eine rein logische Wahrheitsbegründung der Mathematik verlangt, nicht erfüllt sind. Gewisse Vereinbarkeit der genannten Argumente mit unserer Umgebung, der Art, wie wir Überzeugungen bilden und diese anwenden, ist also wünschenswert.

Den eben genannten Fragen sollen die Schwerpunktsetzungen dieses Aufsatzes in gewisser Hinsicht Rechnung tragen. Zu Beginn werde ich die Grundpositionen beider Autoren schildern, ausgehend von ihrer Rekonstruktion verschiedener Kritikpunkte gegen den Platonismus. Diese Rekonstruktionen werde ich miteinander verschränkt darstellen, um ihre Gemeinsamkeiten und Unterschiede deutlich werden zu lassen. Bei der eigentlichen Schilderung der Ansätze von Isaacson und Resnik werde ich aber getrennt vorgehen, da sich hier deutliche Differenzen sowohl in der Begrifflichkeit als auch in der Schwerpunktsetzung zeigen, die einen verschränkten Vergleich eher unangebracht erscheinen lassen. Es schließt sich eine Fortsetzung der Standpunktrekonstruktion an, diesmal jedoch mit epistemologischem Schwerpunkt: Ich werde die Ergebnisse beider Autoren hinsichtlich Referenz, Intuition und ähnlichen Fragestellungen untersuchen, auf welche ja ihre philosophischen Ansätze abzielen. Eine lose Darstellung verschiedener weiterer Vor- und Nachteile dieser Vorstellungen schließt sich an. Hier wird es beispielsweise um die Bewertung dessen gehen, ob die Ansätze im Einzelfall auf mathematische Probleme flexibel anwendbar sind. Zuletzt folgt eine Erörterung der wissenschaftstheoretischen Implikationen. Hierbei werde ich auf einen Artikel Resniks zum mathematischen Holismus zurückgreifen, um seine Position näher zu untersuchen. Eine passende Kontraposition, die in hohem Maße Wissenschafts- und Erkenntnispraxis einbezieht, ist der Naturalismus von Penelope Maddy. Ich werde untersuchen, ob und wie weit sich Resniks Ansatz hiermit verbinden läßt, um auch auf das aktuelle Bild epistemisch orientierter Wissenschaften anwendbar zu sein. Der letzte Abschnitt wird eine aus den Schwerpunkten dieser Arbeit folgende Evaluation versuchen und fragen, ob platonistische Ansichten durch die beiden untersuchten Ansätze wieder eine stärkere Untermauerung erhalten.

2. Rekonstruktion der Ansätze

2.1 Platonismuskritik nach Resnik und Isaacson

Beide Autoren versuchen, verschiedene Kritikpunkte des Platonismus durch ihre Konzepte zu umgehen. Ich werde im folgenden kurz auf ihre Sichtweise dieser Kritik eingehen, was, so hoffe ich, ihre Argumentationslinien verständlicher machen wird.
Isaacson widmet der Frage, wie Platonismus problematisiert wird, einen beträchtlichen Aufwand. Er schildert zuerst einige Anforderungen an eine Philosophie der Mathematik. So müsse diese Vorstellung dem bereits angedeuteten Eindruck Rechnung tragen, daß mathematische Wahrheiten einen faktischen Aspekt besitzen. Ebenfalls müsse beachtet werden, daß Mathematik *ausschließlich* mit Hilfe des Geistes, also der menschlichen Gedanken bearbeitet werde, woran seiner Ansicht nach auch physikalische »Hilfsmittel«wie Schrift nichts ändern [Isaacson 94, S.119].
Aus dieser Grundposition nimmt er eine Kritik am herkömmlichen Platonismus vor, von dem er sich, wie ich noch darlegen werde, abspaltet. Platonismus im allgemeinen stellt für Isaacson eine Bezeichnung philosophischer Ansätze dar, die dem intuitiven Wahrheitseindruck gegenüber mathematischen Ergebnissen Rechnung tragen bzw. diesen so zu erklären versuchen, daß er sich als begründet darstellt [Isaacson 94, S.120f].
Eines der wichtigsten Probleme des herkömmlichen Platonismus ist für Isaacson die Auffassung gegenüber mathematischen Objekten, die im allgemeinen hinsichtlich der Wahrnehmung und der Referenz ähnlich wie physikalische Objekte der uns umgebenden Welt behandelt werden. Gerade in der Wahrnehmung läßt sich, so Isaacson, ein deutlicher Unterschied zwischen mathematischen und physikalischen Objekten festmachen, der in der Art bestehe, wie diese auf unsere Sinnesorgane einwirken. Verschiedene Argumentationen hiergegen ließen sich mit der allgemeinen Feststellung eines passiven Anteils in der Wahrnehmung physikalischer Objekte schwächen, der in der mathematischen Intuition fehle. Die für Wahrnehmung in den meisten Argumentationen benötigte kausale Beziehung zwischen der Welt und unseren Überzeugungen sei in dieser Form bei Mathematik nicht aufzufinden [Isaacson 94, S.121].
Problematisch kann diese Auffassung insofern sein, als bei vielen wissenschaftlichen »Beobachtungen«gedankliche Zusätze und Schlußfolgerungen eine große Rolle spielen. Umgekehrt stellt sich auch die Frage nach der Natur »außerweltlicher« Objekte, die ja mangels direkter Beobachtung nicht trivial zu beantworten ist [Isaacson

94, S.122]. Ein gewichtiges Argument gegen die Auffassung ist nach Isaacson die innermathematische Tatsache, daß für jede mathematische Theorie der Objektbereich aufgrund von Isomorphiebeziehungen nicht klar bestimmbar sei. Dies führt bei Isaacson zu einer Abspaltung vom alten »Objektplatonismus«hin zu einem strukturbezogenen »Konzeptplatonismus«, auf welchen ich im folgenden Abschnitt eingehen werde.

Die Rekonstruktion Resniks fällt bedeutend knapper aus. Auch er betont den sehr schwer erklärbaren Zugriff auf mathematische, also nicht raumzeitliche Objekte, die Problematik des Wissenserwerbs über solche »Gegenstände«. Ähnlich wie Isaacson erwähnt Resnik die fehlende Wechselwir[illegible] hen dem Individuum und einem wie immer gearteten mathematischen Objekt. Ebenso steht das Problem der mathematischen Isomorphie bei Resnik im Vordergrund. Bis hierhin scheinen Isaacson und Resnik ähnliche Positionen zu vertreten. Während Isaacson sich aber von der Sichtweise mathematischer Objekte herkömmlicher Form wie z.B. Zahlen hin zu Strukturen abwendet, verfährt Resnik eher in einer Bedeutungsumwandlung distinkter Objekte dahingehend, daß sie außer ihrer Stellung in einer Struktur, von Resnik als »Muster«bezeichnet, keine *internen* Eigenschaften besitzen [Resnik 81, S.529]. Es zeigt sich hier, so denke ich, eine leicht differierende Schwerpunktsetzung im Umgang mit Platonismusproblemen. Beide Vertreter sehen in Strukturen bzw. Mustern die eigentlichen Gegenstände der Mathematik. Während Isaacson aber den Strukturbegriff als Schwerpunkt wählt, jedoch gewisse Eigenschaften für die Teile einer Struktur zuläßt, sieht Resnik offenbar den Objektbegriff weniger gefährdet und bezieht sich eher auf die Beziehung quasi eigenschaftsloser Objekte zum gedachten Objektbereich und zueinander.

2.2 Der Konzeptplatonismus Isaacsons

Wie beschreibt Isaacson seinen Ansatz nun genauer? Die bestrittene Existenz einzigartiger Objekte zugunsten der durch den mathematischen Realismus diktierten Existenz von Strukturen bestimmt Isaacsons Auffassung. Diese Gebilde, so Isaacson, seien im menschlichen Geist durch Konzepte repräsentiert, welche wiederum eine gedankliche Erscheinung seien, durch die der Umgang mit mathematischen Strukturen ermöglicht werde [Isaacson 94, S.125f]. Eine Struktur sei demnach »a body of thought whose concepts are mathematical, in the sense that what can be expressed in terms of these concept is invariant with respect to change of objects« [Isaacson 94, S.127].

Ich möchte auf seinen Begriff der Invarianz nochmals genauer eingehen. Wichtig ist, daß Mathematik als sozusagen konstituierendes Element Invarianz besitzt. Mathematische Gedanken müssen Invarianz gegenüber dem Wechsel von Objekten besitzen [Isaacson 94, S.126].
Genauer sind auch nochmals Isaacsons Auffassungen zur Existenz von mathematischen Strukturen zu betrachten. Aus der obigen Definition gehen sie als rein gedanklich erfaßbare Gebilde hervor. Hieraus allumfassende Wahrheit von Erkenntnissen abzuleiten wäre wohl trivialerweise[2] widersprüchlich, wenn nicht der deutliche Unterschied zwischen den Objekten einerseits und ihren Beziehungen andererseits gemacht würde. Isaacson selbst gesteht:

> »The paradoxical sounding truth of the matter is that mathematics is about objects, but at the same time there are no mathematical objects.«[Isaacson 94, S.127]

Der mathematische Realismus der Mathematik findet bei Isaacson in seinen Konzepten Ausdruck, die eine Struktur charakterisieren bzw. repräsentieren [Isaacson 94, S.129]. Diese Konzepte sind sozusagen als geistige Produkte etabliert und können so untersucht werden - wieder mit geistigen Methoden. Dabei ist aber der Mechanismus der Abstraktion nötig [Isaacson 94, S.126]. Wichtig ist ebenso die geistige Fähigkeit, über nicht »anwesende« Objekte Überlegungen anzustellen [Isaacson 94, S.126].
Aus dieser Sichtweise heraus versucht Isaacson sogar, den Intuitionismus als eine mit dem Platonismus vereinbare Ansicht darzustellen. Der erst durch geistige Aktivität erzeugte Objektbereich erhalte eben durch die gegenüber Objektwechsel unveränderten Beziehungen einen mathematischen Realismus [Isaacson 94, S.133].
Diese Auffassungen zur menschlichen Kognition werde ich im kommenden Abschnitt nochmals genauer analysieren, dann aber auch einer gewissen Bewertung zuführen im Vergleich zu Resnik. Für den Moment soll genügen, daß nach Isaacson mathematische Strukturen als Gedankenkonstrukte in Form von Konzepten auf bestimmte invariante Beziehungen untersucht werden können und daß mathematische Wahrheiten, überhaupt wirklich mathematische Aussagen, diese Invarianz reflektieren. Es läßt sich aber bereits an dieser Stelle sagen, daß Isaacsons Begründung für die *Existenz* mathematischer Strukturen nicht zufriedenstellend ist. Es bleibt immer noch unklar, was genau mit »body of thought«nun genau gemeint ist. Denn wenn Strukturen bzw. die sie betreffenden mathematischen Wahrheiten unabhängig vom menschlichen Geist existieren, muß Isaacson erklären, warum sie auf ihre geistigen Reprä-

sentationen, die Konzepte, einwirken bzw. warum Mathematik dann von unterschiedlichen Menschen dann trotz aller Gemeinsamkeiten teilweise verschieden behandelt und betrachtet wird. Wenn aber Strukturen wirklich nur im Geist, also in *Form* mathematischer Konzepte existieren, ist es schwierig, ihre Beziehungen als vom menschlichen Denken und vom sozialen Prozeß der Disziplin Mathematik unabhängig anzunehmen.

Wie läßt sich nun aber sagen, wovon Mathematik spricht und wovon nicht? Wo liegt eine Struktur und wo nicht? Wie kann von einem Beobachtungsbereich gesagt werden, daß die in ihm untersuchten Beziehungen invariant gegenüber einer Veränderung der Objekte sind? Diese Fragen sind nicht trivial, denn nach Isaacsons Aussage fängt mit Invarianz Mathematik erst an [Isaacson 94, S.129].

Zudem liefert auch die Allgemeinheit und Invarianz eines Konzeptes, auf das wir fokussieren, ein gewisses abstraktes Korrektheitskritierium eben auf der Grundlage der Aussage, daß eine richtige Konzeptwahl neue Möglichkeiten der Abstraktion, der Formulierung von invarianten Aussagen erzeugt [Isaacson 94, S.133].

Isaacson bestreitet unter anderem die Aussage, zwischen Objekt- und Konzeptplatonismus bestehe der Unterschied zwischen endlichen und unendlichen betrachteten Gegenständen. Seine Beispiele für die Invarianz auch von Aussagen über endliche Objektbereiche sind dabei durchaus anschaulich. Aus ihnen geht hervor, daß seiner Ansicht nach eine mathematische Struktur kein partikuläres Objekt *sei* [Isaacson 94, S.127f].

Ebenso sei mit einer Struktur eine modelltheoretische Struktur mit ihren klar nach wahr und falsch entscheidbaren Aussagen gemeint, da solche *Modelle* wiederum Objekte darstellten [Isaacson 94, S.129]. In Abschnitt 4 werde ich auf diese Frage nochmals eingehen.

Abschließend ergibt sich als erstes Bild von Isaacsons Ansatz, daß er insbesondere durch den Versuch, mathematische Strukturen als Konzepte im menschlichen Geist zu verankern, einen Eindruck vermitteln kann, wie diese untersucht werden können, und wie darüber Wahrheiten »erfahren«werden können. Um hier aber das Vorliegen von unabhängigen Wahrheiten annehmen zu können, muß Isaacson auf die sicherlich wichtige Eigenschaft der Invarianz gegenüber Objektänderungen rekurrieren. Anders kann er Referenz auf die Gegenstände der Mathematik, eben die Strukturen, nicht begründen, ohne sich in Probleme mit der Isomorphie mathematischer Gegenstandsbereiche zu verwickeln. Daraus ergibt sich die Notwendigkeit, Qualifikationen über die Allgemeinheit eines Konzeptes und der durch dieses Konzept betrachteten Gegenstände zu treffen. Die Einschätzung der Wahrheit mathematischer Aussagen scheint sich implizit auf Ergebnisse hinsichtlich ihrer Allgemeinheit hin zu verschieben. Ein mathematischer Satz, eine Definition usw. kann momentan adäquat sein, die etablierten Beziehungen können sich aber später als nicht hinreichend invariant erweisen, eben wenn in anderen Konzepten Isomorphie festgestellt wird. Erst dann wird der Grad der Korrektheit wirklich bewertbar sein. Mathematik als Suche nach der höchsten Allgemeinheit ist für diesen Ansatz eine wichtige Metapher. Ich werde nun dieser Auffassung jene von Resnik gegenüberstellen, um eine ungefähre Beziehung beider Konzepte zueinander aufbauen zu können.

2.3 Muster in der Mathematik - Resnik

Der wichtigste Ansatz bei Resnik ist die Auffassung, daß die von der Mathematik betrachteten Objekte keine internen Strukturen und Eigenschaften besitzen außer jenen, die sie durch das Auftreten in einem Muster zugewiesen bekommen. Distinkte Objekte lehnt also auch Resnik ab, er sieht sie nur in Beziehung zu Mustern, genauer gesagt als »Positionen«in diesen Mustern [Resnik 81, S.530]. Beispielsweise hätte die Zahl 2 als solche keine Eigenschaften wie »gerade«oder »Primzahl«, sondern sie erhält diese durch ihre Beziehung zur 0 bzw. zum Muster (N,0), also einer abzählbaren Folge, von deren Positionen eine als Anfang festglegt wird. Für ein einzelnes Element aus der Menge der rechtwinkligen Dreiecke wären seine drei Seiten irrelevant. Diese innere Struktur erhält es dadurch daß es eine Position im Muster aller rechtwinkligen Dreiecke ist. Wichtig sind in der Mathematik nach Resnik auch nicht diese Positionen, insbesondere deshalb, weil sie nicht klar unterscheidbar sind. Stattdessen untersucht Mathematik interstrukturelle Beziehungen.

Diese sind äußerst vielfältig. So gibt es Beziehungen zwischen Mustern, die sich auf ihre strukturelle Ähnlichkeit beziehen. Resnik spricht hier von gegenseitiger Beinhaltung[3], Äquivalenz und Kongruenz. Auf gegenseitige Beinhaltung sowie Äquivalenz werde ich vorerst nicht eingehen, da sie beide auf den eigentlichen Beinhaltungsbegriff aufsetzen. Zuvor möchte jedoch eine Bemerkung zum Begriff »Ähnlichkeit«machen. Es wird bei Resnik nicht endgültig klar, welche Vorteile die von ihm aufgebaute Ontologie, die sich wesentlich mit diesem Merkmal beschäftigt, letztendlich hat. Als Begriff für eine dem Platonismus entsprechende Klassifizierung von Mustern, die ontologisch Referenzprobleme begründen oder besser verkleinern soll, ist sie wenig geeignet. Denn gerade Resniks Begriff von Ähnlichkeit fußt sehr stark darauf, was von Menschen instinktiv leicht erfaßbar ist. Daß es noch völlig andere

Formen und vor allem Hierarchien von Ähnlichkeit geben könnte, wird bei ihm praktisch nicht problematisiert. Wie ich später ausführen werde, wird auch der für die Referenz bedeutende Identitätsbegriff durch diese Konzeption nicht leichter faßbar. Ähnlichkeit paßt aber stattdessen sehr gut zu Resniks Auffassung vom Erwerb mathematischer Überzeugungen und von der Entstehung mathematischen Denkens. Ich werde später nochmals eingehender diskutieren, inwieweit diese Vorstellungen philosophisch relevant sind.

Kongruenz ist Resniks Begriff eben für strukturelle Isomorphie [Resnik 81, S.532]. Dabei ist dieser Begriff auch die Verbindung zwischen abstrakten mathematischen Mustern und der realen Welt. Denn die Erkenntnis über Muster, so Resnik, entstehe durch Abstraktion aus Instanzierungen von Mustern und durch Veränderung bekannter Muster mit ihren zugehörigen Theorien. Auch Unendlichkeit lasse sich so durch Denken einer finiten Anordnung (ob nun real oder abstrakt) als beliebig fortgesetzt »erfahren«[Resnik 81, S.530]. Eben die Instanzierung stellt seiner Meinung nach eine Kongruenzrelation zwischen einem abstrakten Muster und einer entsprechenden Anordnung realer Gegenstände dar [Resnik 81, S.530]. Genauer werde ich auch Resniks Auffassungen zu Intuition und Referenz erst im kommenden Abschnitt beschreiben. Es sei aber bereits hier angedeutet, daß Resnik in [Resnik 82] ein sehr detailliertes Bild der »Wahrnehmung«mathematischer Fakten entwickelt, das vor allem auf Mechanismen der Abstraktion von der realen Welt, zum Teil aufgrund verschiedener kognitiver und linguistischer Transformationen im Denken und in der Kommunikation, aufbaut. Dabei sei die Ähnlichkeit zwischen Instanzen von Mustern eine wichtige Anregung für einen Abstraktionsprozeß. Zudem stellen Instanzen auch eine Möglichkeit zur Überprüfung der Adäquatheit von Abstraktionen dar. Gleichzeitig spielen aber bei ihm rein geistige Vorgänge eine Rolle, da er nicht annimmt, alle vorstellbaren mathematischen Muster seien auch in der Welt instanziert. Variationen von bereits als solchen erkannten Mustern seien demnach eine große Quelle für mathematisches Denken. Aus diesen Eigenschaften des Umgangs mit Mathematik leitet Resnik ab, daß der Erkenntnisprozeß ähnlich dem von Musiktheorie und Linguistik sei.

Nach diesem Exkurs auf die epistemologischen Überlegungen Resniks, die ja auch mathematische Intuition betreffen, möchte ich auf seine Ontologie der Musterbeziehungen zurückkommen. Eine andere Gruppe von Beziehungen sind jene der Beinhaltung (Occurrence). Hier spielt Definierbarkeit eine große Rolle:

»More formally, occurrence is a reflexive and transitive relation which holds between structures P and Q when P is isomorphic to a structure definable in Q.«[Resnik 81, S.533]

Die Beziehung zur Kongruenz zwischen Mustern über den Isomorphiebegriff ist unübersehbar. Auch die Beinhaltung ist nach Resnik auf einer nicht-abstrakten Ebene möglich [Resnik 81, S.533]. Hier deuten sich bereits philosophische Implikationen unter anderem für die Referenz an.

Ein Spezialfall der Occurrence-Relation ist die des »Subpatterns«. Die Definition ist eher positionsbezogen, verlangt also eine Beinhaltung aller einzelnen »Objekte«[4] eines Musters in einem anderen. Beinhaltung allgemein heißt demnach die Kongruenz zu einem Untermuster [Resnik 81, S.533]. Die Frage, wie sich denn nun Positionen als zu einem Muster gehörig oder nur in einem dazu kongruenten Muster vorkommend qualifizieren lassen, möchte ich an dieser Stelle nicht diskutieren. Ich werde aber später nochmals darauf zurückkommen. Für den Moment möge es ausreichen zu sagen, daß die Definierbarkeit auch einen Unterschied hinsichtlich der Fixierung auf bestimmte Positionen innerhalb des übergeordneten Musters darstellen könnte.

Nach dieser Ausführung sind einige Auffassungen Resniks zur Beinhaltung von Mustern hoffentlich klarer. Er verwendet diese nämlich für zusätzliche Äquivalenzrelationen. Die schwächste stellt die gegenseitige Beinhaltung vom Mustern dar. Ihre genauere Erklärung führt hier zu weit, zumal ja auch schon aus der Definition der Occurrence-Relation recht klar werden dürfte was unter gegenseitiger Beinhaltung zu verstehen ist. Wichtig ist Resniks Auffassung, daß zwei Muster, die im Kern gleiche Eigenschaften besitzen, nicht durch diese Relation definiert werden können, was Resnik am Beispiel von (N,S) und (Rat,+,*) aufzeigt [Resnik 81, S.535].

Diese erwünschte letztendliche Gleichheit von Mustern, die mit »essentially the same«[Resnik 81, S.535] oder auch formal mit Äquivalenz bezeichnet wird, soll die Beziehungen zweier Muster ausdrücken, die beide aus einem Muster mit strengeren Definitionen hervorgehen, aber aus den gleichen Positionen zusammengesetzt sind [Resnik 81, S.536]. Auch hier zeigt sich also die Bedeutung, die Definitionen bei Resnik haben.

Wie Resnik jedoch selber ausführt, ist seine Darstellung, daß Positionen nur innerhalb eines Musters einer Identitätsprüfung standhalten, sehr problematisch für die unterschiedlichen Äquivalenz- und Beinhaltungsrelationen [Resnik 81, S.538]. Hier kommt beispielsweise die oben angeschnittene Frage der Subpattern-Relation wieder ins Spiel.

Resnik nennt drei Lösungsansätze für diese Problematik: 1. Es ist möglich, für jedes Muster einen eigenen Gegenstandsbereich von Positionen anzunehmen und für die Identifizierung verschiedenste Isomorphierelationen zu benutzen. 2. Entsprechend geometrischen Ansätzen könnte ein »Positionenraum« gedacht werden, in dem jede Position entsprechend zu verschiedenen Mustern gehört. 3. Muster könnten wiederum zu Positionen innerhalb übergeordneter Muster reduziert werden. 4. ist eine Abwandlung des eben genannten und schlägt die Reduktion von Muster- auf Mengentheorie vor.

Die letzten drei Ansätze wirken auf ein großes Muster hin, innerhalb dessen ja Identität definierbar wäre. Reduktion ist hier für Resnik eine wichtige Eigenschaft, da sonst eine musterexterne Identität ins Spiel käme, die er aber nicht postulieren will [Resnik 81, S.539]. Zwei Arten von Reduktion sind für Resnik bedeutend. Einerseits können Muster durch Beinhaltung (im allgemeinen Sinne) aufeinander reduzierbar sein in dem Sinne, daß sich die Theorie eines Musters im beinhalteten Muster ebenfalls anwenden läßt. Wichtiger auch für die mathematische Praxis sind nach Resnik Reduktionen von Mustern auf *Positionen* eines anderen Musters, wodurch zwischen den alten Mustern Beziehungen untersuchbar werden die, so Resnik, ansonsten noch nicht einmal formuliert werden könnten [Resnik 81, S.540f]. Beide Reduktionsarten sollen helfen, verschiedene Muster oder Positionen darin unter verschiedenen Gesichtspunkten zu betrachten z.B. Funktionen als Wertpaare oder Regeln. Ein großes Muster wie möglicherweise die Mengentheorie sei aber unerwünscht, da sie die Beziehungen zwischen den alten Mustern aus dem Blickpunkt rücke, welche jedoch unvermeidlich beachtet werden müssen [Resnik 81, S.542].

Resniks Versuch, mit Mustern Wahrheit von Mathematik zu etablieren, orientiert sich hinsichtlich der kognitiven Fähigkeiten des Menschen eher an der Erkenntnis mathematischer Prinzipien, von denen wenigstens die einfacheren aus der alltäglichen Anschauung abgeleitet werden. Die Vereinbarung von Referenz mit seinem sehr nüchternen und vorsichtigen Identitätsbegriff werde ich im kommenden Abschnitt näher untersuchen. Immerhin zielt seine Ontologie ganz hauptsächlich darauf ab, begründete Äquivalenzbeziehungen zu etablieren. Ein deutlicher Unterschied zu Isaacson läßt sich bereits an dieser Stelle aufzeigen: Während Isaacson von immer stärker werdender Invarianz spricht, diese also geradezu zu einem Güte- und Korrektheitsmaß von Mathematik wird, eröffnet Resniks Auffassung die Möglichkeit, bereits jetzt an einem Gesamtmuster durch Reduktion zu arbeiten, welche er aber aus verschiedenen Gründen nicht im Mittelpunkt von Mathematik sehen will. Ob dies bereits ein Schritt in Richtung einer Lokalisierung mathematischer Erkenntnisse ist, werde ich im kommenden Abschnitt, aber auch in Abschnitt 5 näher erörtern.

3. Referenz, Intuition, Kognition

3.1 Intuition und Kognition

Ich habe die Bewertung der Auffassungen von Isaacson und Resnik zu Intuition und Kognition vor jene ihres jeweiligen Referenzbegriffs gesetzt, da Bezug auf mathematische Themen und Gegenstände hochgradig mit Sprache, deshalb aber auch mit den menschlichen Denkprozessen zu tun hat. Aus einer zumindest teilweise kognitionswissenschaftlich motivierten Sichtweise der Referenz lassen sich meiner Ansicht nach die fruchtbareren Ergebnisse über die Bedeutung bzw. den Sinn wissenschaftlicher Sätze, gerade bei so abstrakten Gegenstandsbereichen wie der Mathematik, gewinnen. Intuition und Kognition hängen so stark zusammen, daß ich hierfür einen gemeinsamen Abschnitt wähle.

Es scheint mir angebracht zu fragen, inwiefern ein außerphilosophischer Beitrag zu derart innerphilosophischen Fragen wie jener nach dem wissenschaftlichen Anspruch von Mathematik wirklich zu Argumentationen beitragen kann. Immerhin geht es hier um philosophische Auffassungen zu einer Wissenschaft, deren Wahrheitsanspruch oft weit über jene anderer Disziplinen hinausgeht. Zudem geht es um eine Art von Wissen, das möglicherweise nicht nur unabhängig vom menschlichen Geist sondern auch unabhängig von der Überprüfung in der uns umgebenden Realität ist. Insbesondere Erkenntnisse über Beziehungen zwischen unserer Wahrnehmung, unserem Denken und unserer Umwelt könnten also als Begründungen für Erkenntnisurteile abgelehnt werden. Dies gilt natürlich vor allem, wenn man der Mathematik einen Wissensanspruch zuschreiben möchte. Für den umgekehrten Fall kann es durchaus relevant sein wenn noch nicht einmal ein weitgehender menschlicher Erkenntnisanspruch für die unmittelbare Realität bestünde. Dann wären die Freiheitsgrade für sehr geisteslastige Wissenschaften wie die Mathematik noch deutlich größer. Dieser spezielle Fall würde aber auch PlatonistInnen helfen, zu begründen, daß Menschen eben nur begrenzt zu Erkenntnissen fähig seien, daß wir also eventuell nur keinen Zugang zu mathematischen Wahrheiten besitzen. Für die sehr abstraktionsbezogenen Modelle von Isaacson und Resnik kann ein außerphilosophischer Beitrag in zweierlei Hinsicht nützlich sein. Einerseits würde eine plausible Erklärung der menschlichen Art zu abstrahieren zumindest anschaulich verdeutlichen, daß die menschliche Art, Mathematik zu betreiben, ihrer Ontologie entspricht. Andererseits müssen sie erklären, wie letztendlich *Fakten* das menschliche Denken beeinflussen. Gerade der letzte Teil wird bei beiden Autoren in geringerem Maße berücksichtigt. Der für die Mathematik erwünschte Wahrheitsanspruch läßt sich jedoch mit bekannten Modellen der Kognition nicht begründen, da sie bestenfalls Beziehungen zur Welt, nicht aber solche zu außerweltlichen Objekten, Beziehungen und Aussagen begründen können. Hier kommt dem Platonismus auch nicht das Argument der begrenzten menschlichen Erkenntnisfähigkeit zugute. Denn je weniger wir wirklich zu erkennen in der Lage sind, desto schwieriger können wir den Sinn von Aussagen über mathematische Fakten erklären, die wiir ja nicht kennen.

Zuerst möchte ich erörtern, wie nach Ansicht beider Autoren das Individuum zur Mathematik gelangt, was sowohl die Entwicklung der Fähigkeiten zum mathematischen Denken als auch die Motivation zu dieser geistigen Aktivität betrifft. Ein Erkenntnisbegriff muß sich schließlich auch mit dem Erkenntnis*prozeß* auseinandersetzen, welcher in der Regel nicht trivial verläuft.

Isaacson sieht mathematisches Gedankengut und mathematische Äußerungen als Ausdruck einer (vermutlich selten absichtlichen) Entscheidung, nicht nur über spezielle Gegenstände nachzudenken und zu reden, sondern über Eigenschaften, die vielen Dingen zukommen. Diese Eigenschaften sind dann hinsichtlich einiger Veränderungen von Objekten gleichbleibend. Inwieweit deshalb schon von Invarianz gesprochen werden kann und wie weitreichend diese ist, bleibt insbesondere angesichts der ja vom Platonismus angenommenen begrenzten Erkenntnisfähigkeit des Menschen hinterfragenswert. Eine Entscheidung der beschriebenen Art kann unterschiedlich motiviert sein. Auf einen eher unbewußten Wechsel der Denk- und Sprechgewohnheiten bin ich als eine Möglichkeit schon eingegangen. Isaacson spricht auch von dem Wunsch, ein vielfältiger anwendbares Verständnis einer Struktur zu erhalten oder auch vom Vergnügen, über reine Gedankenaktivität Wahrheit zu erlangen [Isaacson 94, S.129]. Diese Wünsche sind nicht ganz so abstrakt, wie sie hier scheinen. Wenn ich über die Eigenschaft aller Autos, Räder zu besitzen, spreche, ist der erste Wunsch bereits im Spiel. Die Art und Weise des zweiten Wunsches zu analysieren, ist bedeutend schwieriger. Ist er schon am Werk, wenn kleine Kinder rechnen, ohne daß jemand ihnen diese Aufgabe gestellt hätte? Bei beiden Motivationen stellt sich die Frage, wann sie im Leben bewußt auftreten, abgesehen vielleicht von der Denkweise mathematisch wissenschaftlich tätiger Menschen. Ich denke, daß eine Motivation im Isaacsonschen Sinne selten bewußt auftritt, als klar definiertes Ziel. Isaacson geht kaum auf den Grad einer solchen Entscheidung ein, sie steht als relativ abrupter Wechsel im Raum. Nicht ganz so ist es mit Isaacsons Ansicht zur Erlangung

mathematischer Fähigkeiten. Er weist darauf hin, daß der menschliche Geist sehr wohl in der Lage ist, über nicht unmittelbar für ihn wahrnehmbare Objekte oder Sachverhalte zu reflektieren durch die Konzepte bzw. Begriffe von den betrachteten Gegenständen. Zudem sei die Beobachtung eines Gegenstandes keine zweistellige Relation, eben dadurch, daß das beobachtete Objekt nicht unbedingt physikalisch anwesend sein müsse[5]. Dies zeige die Intentionalität von Mathematik. Der Weg vom Speziellen zum Allgemeinen sei durch diese Fähigkeit, ihre wiederholte Anwendung bestimmt [Isaacson 94, S.126]. Im Alltag und für die meisten Menschen geschehe Abstraktion durch Erfahrung aus der normalen physikalischen Umwelt, zum Beispiel durch die Erfahrung Dinge zu ordnen, welche dann zu Konzepten wie dem Nachfolger oder dem ersten Element führe. Derartige Prozesse würden sich dann natürlich auch auf mathematischen Ebenen fortsetzen, welche einer solchen unmittelbaren Beobachtung nicht mehr zugänglich seien [Isaacson 94, S.126]. Die Entwicklung hin zum mathematischen Denken läuft nach Isaacson also schrittweise ab, die Prinzipien der Abstraktion aus Gegenständen, seien sie präsent oder nicht, scheinen aber bei der »Entdeckung«der Kontinuität aus Bewegung [Isaacson 94, S.126] schon genau die gleichen zu sein wie bei sehr abstrakten mathematischen Konzepten.
Resniks Annahmen gehen in gewisser Hinsicht von ähnlichen Standpunkten aus, differieren aber in einigen Details, die ich, wie ich darlegen werde, für relevant halte. Wie bereits erwähnt, zieht Resnik betreffend den Überzeugungs- und Wissenserwerb in der Mathematik bewußt Parallelen zu denen in der Linguistik und in der Musiktheorie [Resnik 82, S.96]. Auch er sieht gewisse Mechanismen des Umgangs mit Mustern als allen Menschen gemeinsam [Resnik 82, S.96]. Allerdings ist seine Aufstellung des Abstraktionsvorganges feingliedriger. Es existieren für Resnik eine Reihe von Zuständen unterschiedlichen Abstraktionsgrades und unterschiedlicher Einstellung zu den betrachteten Mustern. Am Anfang steht das Gefühl, daß Muster vorliegen, Resnik spricht von »experiencing something as patterned«[Resnik 82, S.97]. Nach seinen Beispielen zu urteilen, geht es dabei um den *Eindruck*, die eigene Umwelt bzw. der betrachtete Anschauungsbereich sei strukturiert im Gegensatz zum Gefühl reiner Zufälligkeit. Die anschließende Phase arbeite bereits mit struktureller Äquivalenz. Das Individuum[6] erkennt - oder besser - »sieht« Ähnlichkeiten zwischen verschiedenen Aspekten seiner Umwelt. Spätestens zu diesem Zeitpunkt sei auch Neugier mit im Spiel, die zu weiterer Abstraktion eine mögliche Motivation gebe. Der folgende Schritt scheint mir eher repräsentationsbezogen. Resniks Auffassung nach werden die mehr oder weniger bewußt aus der Anschauung extrahierten Rela-

tionen mit Bezeichnungen belegt, was aber keine abstrakte Denkweise impliziere, da weder erklärt noch qualifiziert oder quantifiziert würde. Hier scheint mit der Anfang dessen, was wir mit »Begriff«bezeichnen würden und was vielleicht auch relativ gut zu Isaacsons Konzepten paßt. Wenn dem so sein sollte, dann scheint sich hier anzudeuten, daß die von Isaacson als konstituierende Bestandteile auch des abstrakten und mathematischen Denkens angenommenen Konzepte [Isaacson 94, S.129] erst schrittweise entstehen, daß also etwas ursprünglichere Mechanismen am Werk sein müssen. Dies ist jedoch nur eine Vermutung, Isaacson könnte hinsichtlich seines Konzeptbegriffs auch anders argumentieren. Für Resnik befinden sich auf dem eben angesprochenen Stadium auch partikuläre Quantifizierungen, da sie keine abstrakte Erkenntnis eines *Gesetzes* implizieren. Die bereits aus diesem Stadium heraus mögliche Übertragung bestimmter partikulärer Erkenntnisse auf Denkbeispiele die sich z.B. durch das Ausmaß der benutzten Zahlenwerte nicht physikalisch überprüfen lassen, stellt Resnik als epistemologisches Problem dar [Resnik 82, S.97f]. Woher kommt die Fähigkeit dieser Anwendung, ohne eine Regel *formuliert* bzw. bewußt realisiert zu haben? Resnik nimmt hier eine rudimentäre quasi angeborene Zähltheorie an [Resnik 82, S.98]. Ich würde dies anhand Resniks Beispiel von der Anwendung einer Quasi-Addition im »überprüfbaren«Zahlenbereich und derselben in bestenfalls vorstellbaren Größenordnungen eher verneinen wollen[7], denn ein anderer Aspekt desselben Problems spricht für eine Zwischenstellung zur letzten Abstraktionsstufe: Woher kommen die Namen für Zahlen? Einerseits könnte argumentiert werden, daß hiermit Anordnungen einer bestimmten Anzahl von Objekten als Relation bezeichnet werden[8], andererseits deutet gerade das Beispiel von Resnik [Resnik 82, S.98] den Gebrauch von Zahlen als *Objekten* an. Eine endgültige Beantwortung solcher Fragen sollte auf Erkenntnisse der Kognitionsforschung zurückgreifen.
Ich möchte nun mit der letzten Stufe der Abstraktion fortfahren, der Benennung der eigentlichen Muster. Es werden jetzt Gegenstände nicht mehr entsprechend irgendwelcher Relationen mit Attributen belegt, beispielsweise als dreieckig, sondern sie werden nur noch durch ihre Eigenschaft benannt, in diesem Falle eben als Dreieck. Beschreibung von Strukturen passiere, so Resnik, mit Hilfe relationaler oder positionaler Konstruktionen statt anhand von Instanzen, beispielsweise werde ein Kreis als Ort von Punkten angesehen [Resnik 82, S.98]. Das Interesse an der Struktur selber sei so groß, daß sogar möglicherweise falsche Spekulationen angestellt würden. Die bereits erwähnte Erschließung des Unendlichkeitsbegriffs durch die Vorstellung beliebiger Verlängerung von Abfolgen oder Strecken setzt Resnik auch an diese Stufe

[Resnik 82, S.98]. Die Rückkehr vom Abstrakten zum Konkreten in der Kommunikation und als »Hilfestellung«passiere häufig in Form von Instanzen eines abstrakten Musters [Resnik 82, S.98f]. Mathematische Wahrnehmung im Sinne einer besonderen geistigen Fähigkeit zum Umgang mit Abstraktem lehnt Resnik ab. Vorstellungskraft im herkömmlichen Sinne sei dennoch oft hilfreich [Resnik 82, S.99]. An diesem Punkt, so Resnik, sei der Abstraktionsgrad, die Entfernung von der unmittelbar wahrnehmbaren Wirklichkeit so groß, daß die gebildeten Theorien offensichtlich nicht mehr von konkreten, sondern von abstrakten Gegenständen handelten [Resnik 82, S.99]. Auf dieser Ebene müßten, ebenso wie bei Isaacson, Muster und Theorien auch durch Variation und Abstraktion von Bekanntem abgeleitet werden ohne eine Instanz, aus der abstrahiert werden könne [Resnik 82, S.100]. Die »mangelhafte«Analogie zum Spracherwerb, aus der Resnik ableitet, daß Mathematik im Gegensatz dazu keine (oder wenige) vorgegebenen Fähigkeiten des Menschen benutze, finde ich insofern berechtigt, als in der Tat Sprache zur Kommunikation beiträgt, angeborene Faktoren zum schnellen Lernen dieser also entwicklungsgeschichtlich wahrscheinlicher sind[9] [Resnik 82, S.100].

Der Vergleich der Auffassungen beider Autoren macht deutlich, daß ihres Erachtens das Individuum schrittweise zur Mathematik mit ihren strukturellen Aussagen gelangt. Resniks Versuch, eine Reihe von Abstraktionsstufen aufzustellen, in welchen der Prozeß der Verallgemeinerung verläuft[10], weist jedoch einen Unterschied auf: Die Strukturerkennung und insbesondere auch Strukturbeschreibung verläuft nicht von Anfang an gleich. Es ist nicht zu vermuten, daß Isaacson einen direkten Sprung von nicht-mathematischer zu mathematischer, d.h. abstrahierender, verallgemeinernder und auf die Invarianz bezogener Denkweise postuliert. Er spricht aber dennoch von einer *Entscheidung*, mehr oder weniger mathematisch zu denken oder zu reden. Zudem kann Resnik glaubhafter vermitteln, wann Theorien an einem Punkt angelangt sind, an dem sie als mathematisch bezeichnet werden können. Auch hier führt ein Weg von Eindrücken über unmittelbar wirklichkeitsbezogene Aussagen bis hin zu Aussagen, die nicht mehr auf »reale«Gegenstände rekurrieren. Dabei ist den SprecherInnen nicht immer klar, daß sie bereits über imaginäre Objekte reden. Auch sonst ist es in unserer Kultur sehr üblich, auf fiktionale Gegenstände, Sachverhalte oder Personen Bezug zu nehmen, ohne dies immer deutlich zu kennzeichnen oder auch nur bewußt zu erkennen. Wenn es dabei nicht um philosophische Ansprüche wie Wahrheit geht, ist das ja auch völlig in Ordnung, da wir mit diesem Chaos aus realitätsbezogenen, fiktionalen Aussagen und Zwischenformen oft sehr gut zurechtkommen[11].

Es wäre sicherlich interessant zu fragen, inwiefern sich der Überzeugungsgrad bezüglich der eigenen Aussagen auf diesem Weg verhält. Die Vermittlung eines feingliedrigen und vielleicht auch nicht ganz formalisierbaren Prozesses scheint mir auch mit Resniks Annahme konsistent zu sein, daß Mathematik keine internen Fähigkeiten benötige.

Ausgehend von den eben gemachten Überlegungen möchte ich nun bezugnehmen auf die Art und Weise, wie Resnik und Isaacson die Fähigkeit des Menschen überhaupt einschätzen, Fakten oder sogar Wahrheiten im Sinne der Mathematik oder, genauer gesagt, im Sinne des von ihnen vertretenen Platonismus, zu erkennen. In der vorangegangenen Beschreibung der Entwicklung eines denkenden Menschen zu mathematischen Gedankengängen und einer ebensolchen Kommunikation haben beide Autoren klar gemacht, daß ihre Ansätze nicht auf besonderen geistigen Fähigkeiten außer denen beruhen, die auch sonst zum Leben in einer kommunikationsgeprägten sozialen Gemeinschaft nötig sind. Insofern bleibt zu fragen, ob sie in der Lage sind, hieraus einen Wissensanspruch in ihrem Sinne abzuleiten.

Wie bereits erwähnt, geht Isaacson davon aus, daß durch seinen Ansatz von Platonismus der Intuitionismus als Spezialfall auftauche. Denn auch im Intuitionismus sei die Möglichkeit, wahre Aussagen über den betrachteten Objektbereich zu treffen, durch Fakten begrenzt, auch wenn hier der Objektbereich durch Intuition erst »erstellt«wird [Isaacson 94, S.133]. Wenn dies eine nicht triviale Form von Wahrheit etablieren soll, dann besteht für Isaacson die Aufgabe, zu erklären, wie die Natur und Herkunft dieser Fakten sind. Hierbei kommt seine Auffassung von Konzepten zum Tragen, welche ja die mathematischen Strukturen etablieren, über die nachgedacht bzw. gesprochen werde. Diese Konzepte sind es ja seiner Auffassung nach, in denen nachgedacht werde[12], durch die wir mathematische Erkenntnisse oder wenigstens Überzeugungen gewinnen und durch die wir eine Anschauung mathematischer »Fakten«erlangen. Und gerade diese Konzepte seien es auch, die durch ihre eigenen Fakten Mathematik beschränken [Isaacson 94, S.125]. Hier scheint mir die Schnittstelle zu den externen Wahrheiten im platonistischen Sinne zu liegen. Hier besteht eben auch die Herausforderung, zu erklären, wie diese auf die ja »menschliche«Mathematik einwirken, wie also die gedanklichen und damit innerweltlichen Konzepte durch außerweltliche Wahrheiten oder Objekte geformt bzw. beschränkt werden. Isaacsons Ansatz hat dabei meiner Ansicht nach einige Probleme, dies wirklich plausibel zu machen. Die Konzepte sind auch Isaacsons Ansicht nach nicht extensiv vorhanden, eher brächten sie das Element des Verstehens implizit mit ein

[Isaacson 94, S.127]. Der zweite Teil der Aussage mag durchaus stimmen. Aus dem ersten Teil folgt aber doch, daß eine beträchtliche Freiheit in der Wahl und Behandlung der Konzepte bzw. der Schwerpunktsetzung besteht. Isaacson räumt dies selbst ein, meint aber, die Konzeptwahl ließe sich nach gewissem mathematischen Wissenserwerb als richtig oder falsch qualifizieren. Dies ist angesichts dessen, daß die dazu benutzten Konzepte ähnlich relativ sind, nicht unbedingt geeignet, eine Wahrheit im Sinne des Platonismus zu konstituieren. Zudem sind die postulierten Fakten der Konzepte auch in gewisser Hinsicht davon abhängig, wie weit die Existenz einer allgemein gültigen Wahrheit aufgefaßt wird. Zu Isaacsons Auffassung von mathematischer Wahrnehmung und Intuition ist festzuhalten, daß er durchaus nicht Gefahr läuft, eine vielleicht recht problematische Anschauung im unmittelbaren Sinne zu postulieren. Vielmehr gehe es um das Verständnis von Theorien und Fakten in einem Anschauungsbereich. Dabei seien aber eben Objekte und Strukturen nicht primär, sondern die Konzepte, in denen gedacht und Fakten formuliert würden. Isaacson versucht also, die Wahrnehmung von der »intuition of«zur »intuition that«zu verschieben. Diesen Versuch halte ich für relativ geglückt, auch wenn er gewisse Probleme der Beziehung Objekt-Struktur nicht beseitigt, wie ich in Abschnitt 5 ausführen werde. Zusammen mit der schwierigen Erklärung, wie denn nun externe Fakten an die gedanklichen Konzepte herantreten, scheinen zumindest einige Probleme des Platonismus, die mit Wahrheit zu tun haben, kaum gelindert.

Auch für Resniks Platonismus spielt die Existenz mathematischer Wahrheiten eine Rolle. Allerdings scheint er diese ausgehend von der menschlichen Auffassung, sie seien wahr, dahingehend *auszudehnen*, daß sie wirklich Wahrheitsgehalt besitzen [Resnik 82, S.100]. In der Tat nimmt Resnik auch nicht an, die durch unsere mathematischen Aktivitäten etablierten Fakten seien von vornherein gegeben. Deutlich steht auch bei ihm die Erkenntnis ohne besondere Fähigkeiten oder »Einrichtungen«im Vordergrund [Resnik 82, S.99]. Die Abstraktionsfähigkeit des Menschen bzw. die Möglichkeit, durch Abstraktion Muster hervorzubringen und zu untersuchen, seien begrenzt [Resnik 82, S.99]. Andere Faktoren wie Variation, Kombination und Ausweitung von Mustern seien ebenso nötig [Resnik 82, S.100]. Es scheint mir nicht ganz deutlich, ob die Begrenztheit des Abstraktionsprozesses auch die Begrenztheit der Erkenntnis implizieren soll. Wenn dies so wäre, könnte unter Umständen ein Widerspruch zu der obigen Aussage auftreten, die ja a priori Wahrheiten verneint. Da Resnik dies vorerst aber nicht genau präzisiert, droht seinem Ansatz von dieser Seite keine Gefahr. Eine Rolle für den Resnikschen Wahrheitsbegriff spielt sicherlich die Überprüfbarkeit von Theorien über Muster. Er unterscheidet zwischen einer sogenannten »reinen«Theorie und einer angewandten Version davon [Resnik 82, S.101]. Die reine Theorie wird aus Axiomen bezüglich eines Musters deduktiv abgeleitet bzw. ist aus diesen deduktiv ableitbar. In diesem Theoriebegriff spielt die Verifikation in der physikalischen Welt keine Rolle, es geht um die Wahrheit bezüglich eines Musters, also eines abstrakten Gedankenkonzepts. Bei der Bildung einer angewandten Version dieser Theorie kommen Aussagen hinzu, welche die Instanzierung der Theorie, genauer gesagt des von ihr beschriebenen Musters präzisieren. Hieraus ergeben sich auch Falsifizierungskriterien. Eine angewandte Mustertheorie kann durch die nicht adäquate Instanzierung ihrer Aussagen im betrachteten Bereich der realen Welt falsifiziert werden. Die Annahmen einer reinen Theorie können nur dann abgelehnt werden, wenn gezeigt wird, daß sie in ihrer Kombination auf kein wie auch immer geartetes Muster zutreffen können. Dahingegen besteht die Verbindung einer angewandten Theorie zur Welt eben in der Beobachtbarkeit der Welt, so daß die Aussagen über das »gedachte«Muster nur zu dieser direkt wahrnehmbaren Umwelt auf Passung überprüft werden müssen. Bei reinen Theorien ist eine Überprüfung nur an gedanklichen Konstrukten möglich, bei welchen zudem noch Allquantifizierungen auftreten. Indizien für die Konsistenz und Kategorizität einer Theorie stellen Kriterien für ihre Korrektheit dar. Um überhaupt irgendwelche gerechtfertigten Theorien zu besitzen, bedarf es nach Resnik eines Vorwissens, das nicht durch Ableitung und von außen, also indirekt begründet ist. Alle anderen »Fakten«werden ja in dem eben beschriebenen »Erkenntnis«prozeß erarbeitet, welchen es ja zu evaluieren gilt. Resnik führt aus, daß dieses Vorwissen eben auch mit diesem Prozeß zu tun habe, daß also die Überzeugungen von Mustertheorien ähnlich entstünden wie das Vorwissen selbst [Resnik 82, S.101f]. Kriterien wie die Einfachheit einer Theorie, ihre Anwendungsfähigkeit ohne starke Extrapolationen sowie auch die Vielfalt der Wege, auf denen eine Theorie erreicht werden kann, stellen Kriterien dar, die die Überzeugung von einer Theorie erhöhen [Resnik 82, S.102]. Dies sind sehr relative Aussagen über die Rechtfertigung mathematischer Theorien. Resnik selbst gibt zu, daß es keine absolute Garantie gibt, Wissen als wahr ansehen zu können, daß der von ihm beschriebene Erkenntnisprozeß nur derjenige sei, der von den uns bekannten am ehesten Fakten annähern kann [Resnik 82, S.102]. Diese Aussage ist erfreulich konsequent und reflektiert durchaus Resniks vorherige epistemologische Argumentation. Problematisch ist sie für seinen Platonismus deshalb, weil sie die Annahme, einige unserer mathematischen Wahrheiten hätten eine Wahrheitsberechtigung, die über die unmittelbare Betrachtung hinausgeht, wieder relativiert. Resnik hat nicht, wie Isaacson, die Erkenntnisfähigkeit in die von ihm angenommenen Gedankenkonstrukte und in unsere geistigen Aktivitäten integriert. Was folgt, ist die geringere Verbindung unserer mathematischen Theorien zu externer Wahrheit über unsere gedanklichen Fähigkeiten. Zudem klingt die Frage an, ob Mathematik überhaupt Wahrheit liefern kann, da selbst das Vorwissen, was für Resnik ja ein Kriterium darstellt, eine gewisse Relativität besitzt.

Beide Ansätze haben unter anderem versucht, die Probleme ihrer Platonismusversionen zu verringern, indem sie in den Denkprozeß nicht die *direkte* Verbindung des Geistes zu umfassenden Wahrheiten integrieren. Auch bei Isaacson wird ja nicht die direkte Verbindung des Geistes zur Wahrheit, sondern eine Beschränktheit der möglichen mathematischen Konzepte auf solche mit gewissen Invarianzeigenschaften postuliert. Beide Autoren erreichen damit ein natürlicheres und instinktiv leichter zugängliches Bild vom mathematischen Erkenntnisprozeß, aber bei beiden wird auch die Verbindung zu einem nicht-trivialen Wahrheitsbegriff schwieriger, da das Denken als konstituierender Bestandteil der Mathematik eben doch zu viele interne und individuelle Aspekte besitzt.

3.2 Referenz

Die kognitiven und wahrnehmungsbezogenen Motivationen Isaacsons und Resniks für die Annahme, Mathematik könne Wahrheiten erarbeiten, die auch einem übertragenen Sinne nicht unbedingt als subjektiv oder auf eine andere Art und Weise relativ verstanden werden sollten, verweisen darauf, daß Referenz in ihrem Sinne dadurch erleichtert wird, daß das Denken in der Lage ist, auf seine eigenen Gedankenkonstrukte zu rekurrieren und sie so in Aussagen miteinander in Verbindung zu bringen. Dies allein würde jedoch wieder Mathematik als eher geistesinterne Aktivität charakterisieren, da beispielsweise ein Satz über Zahlen sich vorerst nur auf Gedankenkonstrukte beziehen würde, also seine Semantik äußerst abhängig von menschlichen Erkenntnis- und Denkprozessen wäre. Um wenigstens für mathematische Aussagen einen gewissen »externen«Sinn zu erhalten, unabhängig davon, wie weitgehend Wahrheit mathematischer Theorien aufgefaßt wird, braucht eine Semantik gewisse Vereinbarungen über Begriffe und Konzepte. Die bereits beschriebene Auffassung von Strukturen bzw. Mustern als eigentlichen Gegenständen der Mathematik wird dahingegen vermutlich bei beiden Ansätzen fruchtbar sein, um die Referenzproble-

me, die sich durch Isomorphie ergeben, zu relativieren. Wie die Ontologien beider Autoren jeweils wirken, möchte ich hier nun kurz erörtern.
Isaacson geht bereits davon aus, daß ein Gedanke oder eine Aussage, nur um mathematisch zu sein, bereits einen Aspekt der Invarianz besitzen muß. Dies ist natürlich nur eine recht grobe Qualifizierung, die stärker präzisiert werden muß. Mathematischer Diskurs müsse, so Isaacson, wenn man einen gewissen mathematischen Realismus etablieren will, über etwas sprechen. Dies seien eben keine einzelnen Objekte, sondern eine Struktur [Isaacson 94, S.131]. Die bereits angesprochene Definition einer Struktur als Gedankenkonstrukt hilft hier kaum weiter, denn dies läßt offen, wie eine Struktur im mathematischen Sinne zu verstehen ist. Die Relationen zwischen den Objekten spielen offensichtlich eine Rolle [Isaacson 94, S.123f], aber worüber mathematische Sätze nun sprechen können, bleibt unklar. Wie bereits gesagt, spielen bei Isaacson weniger Fakten im Sinne einer »intuition of«eine Rolle. Dann könnten in Aussagen vielleicht einigermaßen klare Semantiken für Relationen eine bedeutsam sein. Da aber die meisten herkömmlichen Relationen auch als Objekte angesehen werden könnten, da sie zum Beispiel in einer Menge wieder auftauchen und so möglicherweise einer Isomorphieeigenschaft zweier Mengen zum Opfer fallen könnten, ist Referenz hierauf sicherlich ebenfalls bis zu einem gewissen Grade relativ. Die Beispiele Isaacsons [Isaacson 94, S.127f] sind in bestimmter Hinsicht recht problematisch. So sind unter anderem Gruppen von Permutationen zwar aus einer bestimmten Sichtweise keine Objekte im bekannten Sinne, sie könnten aber in einer Strukturhierarchie zu solchen reduziert werden, insbesondere, wenn die Relationen zwischen ihnen, also möglicherweise Isomorphie, in den Vordergrund treten. In diesem Falle wird nämlich auch die Unterscheidbarkeit deutlich relativiert. Isaacson versucht also berechtigterweise, aus seiner Vorstellung darüber, was mathematische Sätze sind und welche mathematischen Strukturen klar identifizierbar seien, Gewinn für die Referenz zu ziehen. Es fällt ihm aber schwer zu erklären, warum die von ihm als Strukturen deklarierten mathematischen Konstrukte nicht wieder eben die gleiche Rolle einnehmen könnten wie mathematische Objekte in unserem herkömmlichen Sinne.
Resniks Ansatz der Reduktion eines Musters auf eine Position innerhalb eines anderen, welche auch einen Verlust interner Eigenschaften verursacht, nimmt auf solche Probleme bereits bezug. Resnik geht in dieser Hinsicht sogar noch bedeutend weiter. Er spricht von drei möglichen Arten, ein oder mehrere Muster zu beschreiben [Resnik 81, S.543]. Die erste dieser Möglichkeiten ist sehr auf die Positionen eines Musters

ausgerichtet. Es handelt sich um Quantifizierungen über die Positionen eines Musters und um die Angabe von Relationen zwischen diesen Positionen. Zweitens könne man auf die Instanz eines Musters bezugnehmen und dieses eben dadurch charakterisieren, daß es von diesem Sachverhalt instanziert wird. Die dritte Möglichkeit ist eine Variante der ersten, in der die Positionen eines Musters benannt und so Relationen zwischen ihnen angegeben werden. Wichtig ist für Resnik aber folgendes:

> »No description of a pattern [...] will differentiate the pattern from its occurrences within other patterns or its other occurrences in isolation.«[Resnik 81, S.543]

Demnach kann, so Resnik, der standardmäßige Referenz- und Wahrheitsbegriff, der ja auf einer mehr oder weniger klaren Identifikation zwischen Positionen eines Musters beruht, nicht mehr genügend Erklärungskraft besitzen, um die Verbindung zwischen einem Muster und den Aussagen über dieses Muster herzustellen [Resnik 81, S.543]. Die Lösung, die Resnik für dieses Problem wählt, besteht in einer sogenannten »referentiellen Relativität«[Resnik 81, S.544]. Aussagen, die über eine »Occurrence«eines Musters getroffen werden, gelten demnach auch in allen anderen Vorkommen dieses Musters, ob nun in einem übergeordneten Muster oder nicht [Resnik 81, S.544f]. Der Bezug auf ein Muster ist, so Resnik, eben nicht absolut möglich, da es keine Fakten zu der Frage gibt, ob zwei Vorkommen eines Musters nun distinkt sind oder nicht. Ein Vorkommen muß immer als momentan fest angenommen werden [Resnik 81, S.545f]. Die aus dieser Aktion gewonnenen Wahrheiten würden, so Resnik, unabhängig gelten, weil verschiedene isomorphe Muster ja zumindest in einer gewissen Hinsicht gleiche Eigenschaften besäßen [Resnik 81, S.546].
Es ist nicht von vornherein offensichtlich, daß diese letzte Annahme Resniks wirklich Gültigkeit besitzt, da ja zu den musterinternen Relationen eines Vorkommens von einem Muster auch jene externen des beinhaltenden Musters kommen. Diese könnten relativierend wirken. Durch die konsequente Annahme der Eigenschaftslosigkeit von Musterpositionen und der nicht klaren Differenzierbarkeit von Musterbeinhaltungen hat Resnik deutlichere Erfolge für seinen Referenzansatz ziehen können. Diese waren aber mit einer Relativierung bzw. Lokalisierung des Referenzbegriffs verbunden. Ebenso steht noch die Allgemeinheit der gewonnenen Fakten über ein Muster in einer, wenn auch nicht so scharfen, Frage. Isaacson versucht zu begründen, wie isomorphe Strukturen distinkt sein können, so daß auf sie wirklich getrennt bezug genommen werden kann. Ich werde hierauf im kommenden Abschnitt nochmals einge-

hen. Sein Referenzbegriff hängt sicherlich in seinem Erfolg davon ab, wie sich Strukturen in einer Hierarchie verhalten, die Kreise aufweisen könnte. Die Referenzbegriffe beider Autoren haben aber klare Vorteile gegenüber jenen des klassischen Platonismus. Insbesondere der Versuch, Referenz von genau spezifizierten Objekten auf Beziehungen zwischen ihnen zu verschieben, erleichtert es, Qualifikationen über beliebige Objektkonstellationen auszudrücken, wenn diese nur bestimmte geforderte isomorphe Eigenschaften besitzen. Sowohl in der Frage der mathematischen Erkenntnis, also auch hinsichtlich des wissenschaftlichen Diskurses über mathematische Strukturen hat der strukturalistische Ansatz beider Autoren hier eine fruchtbare Entwicklung gebracht, die aber bei beiden unterschiedlich vorteilhaft ausgeprägt ist.

4. Zur Anwendbarkeit auf den mathematischen Einzelfall

Wie bereits beschrieben, versucht Isaacson, seine Sicht von mathematischen Aktivitäten auf das fortschreitende Erweitern von Theorien, auf ihre Verallgemeinerung auf dem Weg zu größtmöglicher Invarianz gegenüber Objektwechseln zu konzentrieren. Um noch weiter zu gehen: Ein mathematischer Gedanke muß einen invarianten Aspekt gegenüber Objektwechseln besitzen. Daraus ergeben sich sowohl für die gesamte Ontologie Isaacsons als auch für jede Theorie im einzelnen vielfältige Fragen. Wie allgemeingültig ist eine Aussage? Gegenüber welchen Objektveränderungen läßt sie sich als wahr oder falsch charakterisieren? Sind Strukturen[13] nur Strukturen, solange sie nicht wieder in anderen Strukturen enthalten sind? Isaacsons Text läßt sich nicht auf ein allgemeines Entscheidungskriterium für die Trennung zwischen Objekt und Struktur ein. Demnach muß diese Entscheidung vermutlich für jeden mathematischen Untersuchungsbereich einzeln getroffen werden. Schwierigkeiten, die am besten mit »technisch«zu bezeichnen sind, deuten sich an, wenn beispielsweise zwei unterschiedliche Einschätzungen ähnlich viele Vor- und Nachteile für eine Theorie bedeuten. Ebenso dürfte sich die Entscheidung bei einer neu erarbeiteten Isomorphierelation häufig relativieren. Zudem könnten sich sehr schnell Kompatibilitätsstreitigkeiten zwischen verschiedenen mathematischen Gebieten anbahnen. Ich möchte mit dieser Kritik nicht andeuten, daß Isaacsons Konzept schon deswegen widersprüchlich sei. Es geht mir vielmehr darum zu zeigen, daß auch ein philosophischer Ansatz nach seiner Anwendbarkeit im Wissenschaftssystem bewertet werden kann. Isaacsons Auffassungen implizieren hier einen vermutlich sehr großen Aufwand, wobei der Erfolg der Bemühungen nicht unbedingt garantiert ist. Andererseits ist die Suche nach Allgemeinheitskriterien sicher keine absolut fruchtlose Angelegenheit. Für Isaacsons Konzept sehe ich aber auch die Möglichkeit, mit einem etwas bescheideneren Unterscheidungsanspruch zwischen »speziell«und »allgemein« zu verfahren. Man müßte für eine gegebene mathematische Problemstellung eben entweder *zeitweilig* oder *relativ* invariante Aussagen treffen. Wie groß die Invarianz solcher Aussagen ist, kann dann in späteren Untersuchungen schrittweise konkretisiert werden.

Ein Problem von Resniks Konzeption ist jenes der Identität: Selbst wenn, wie angedeutet, sich Referenz und vermutlich auch mathematische »Wahrnehmung«auf ein fixiertes Muster beschränken, wäre es wünschenswert, Identität immerhin bis zu einer gewissen Grenze auch musterextern auffassen zu können, da trotz der philosophischen Überzeugungskraft der Auffassung von abstrakten Entitäten ohne interne Eigenschaften die Fixierung auch einzelner Positionen eines Musters zur Etablierung von Beziehungen über das Muster hinaus sehr intuitiv im herkömmlichen Sinne ist[14]. Dies ließe sich sogar innerhalb von Resniks Theorie relativ gut durch eine umgekehrte Reduktion dahingehend begründen, daß eine Position ja ein reduziertes Muster darstellen könnte, daß also die bereits bekannten musterinternen Relationen wieder als interstrukturell auffaßbar sind. Ob Resnik diese Sichtweise zulassen würde, kann ich nur schwer einschätzen. Zudem ist seine Ablehnung gegenüber einem großen »Supermuster«durchaus berechtigt. Niemand kann ja zu einem bestimmten Zeitpunkt sagen, ob sich dieses Muster nicht wieder reduzieren läßt, ob nun durch Beinhaltung oder durch die Muster-Position-Beziehung. Eine solche Reduktion könnte zu einem bis dahin unbekannten Muster führen, so daß auch hier wie bei Isaacson der Weg nach oben viel weiter offen steht, als bei Resnik bei oberflächlicher Betrachtung angenommen werden könnte. Es ist jedoch zu bemerken, daß der Weg nach oben auch wieder zurück führen könnte, indem von einem bis dahin als allgemein angenommenen neuen Muster die Reduzibilität in ein bekanntes Muster gezeigt wird. Unter solchen Umständen ist es vermutlich nicht angebracht, von immer größerer Allgemeinheit oder Invarianz zu sprechen, da sich vermutlich auf mehreren Ebenen[15] solche Reduktions*kreise* finden lassen. Es könnte sich aber auch zeigen, daß Muster eben nicht beliebig in Zusammenhang zu bringen sind oder sich wenigstens nicht einem einzigen Gesamtmuster unterordnen lassen. Vielfältige Aufgaben bei der Untersuchung der Überführbarkeit von Mustern deuten sich also auch bei Resnik an. Die Perspektive eines Gesamtmusters im Hintergrund bringt aber nicht nur graduelle, sondern auch strukturelle Unterschiede zu Isaacson.

Eine Einschätzung beider Behandlungen von Isomorphie auf der rein wissenschaftlichen Seite nach vor allem anwendungsbezogenen Standpunkten würde trotz der genannten Probleme zugunsten Resniks ausfallen. Denn seine Ontologie basiert nicht auf einer erst noch zu treffenden Qualifizierung mathematischer Gegenstände als Struktur oder nicht. Stattdessen fixiert sie praktisch jedes »Objekt«betrachtungs- und fokussierungsbezogen stärker oder schwächer in der einen oder anderen Rolle. Ist die Identität zwischen zwei Objekten unklar, müssen sie eben als Positionen in einem zu etablierenden Muster aufgefaßt werden, das daraufhin untersucht werden kann. Gehören sie zu zwei fixierten Mustern, müssen diese entweder durch Beziehungen wie

Äquivalenz nach Resniks Definition oder durch Reduktion als zu einem Muster gehörig qualifiziert werden, das dann interne Identifikationsmechanismen bietet. Diese Vorgehensweise ist der menschlichen Intuition leicht zugänglich, und bereits bei der Etablierung der neuen Muster werden Untersuchungsbegriffe und neue Erkenntnisse wie Perspektiven erreicht. Isaacsons Untersuchungen, ob ein Objekt denn nun eine Struktur ist, oder ob Aussagen davon abstrahieren müssen, sucht von innen heraus nach einer externen Aussage, nämlich nach einer Theorie, die größere Invarianz bietet. Resniks Ansatz hingegen läßt MathematikerInnen viel Raum, eigene Konstruktionen zum Wissenserwerb zu nutzen, wobei ein neues Instrumentarium in gewissen Grenzen auch neue Sichtweisen bietet. Rein mathematisch gesehen ist Isaacsons Ansatz aber deshalb interessant, weil er nach einem gewissen begriffsmäßigen Minimalismus sucht.

5. Wissenschaftstheorie - Wissenschaftspraxis

Zuletzt möchte ich darauf eingehen, wie insbesondere Resnik das Bild der Mathematik im gesamten Wissenschaftssystem beurteilt. Wissenschaftstheoretische Positionen Isaacsons kann ich aus seinem vorliegenden Text nicht beurteilen, vermute aber, daß seine Ansprüche an die Geltung von Mathematik strikter sind als jene von Resnik. Der von Resnik in einem neueren Papier vertretene lokalisierte Holismus [Resnik 98, S.239], den ich hier kurz skizzieren möchte, soll offensichtlich dazu beitragen, zu zeigen, daß nicht nur mit einem Experiment zu einer Hypothese der methodologische und wissenschaftliche Hintergrund dieser These mit überprüft wird [Resnik 98, S.227]. Mathematik, die ja des öfteren auch zu diesem Hintergrund gehört, bekomme eben durch das offensichtlich weitreichende Funktionieren von Wissenschaft einen zusätzlichen Rückhalt aus unserer »realen«, physikalischen Welt. Dies wiederum wirkt natürlich auch insbesondere auf ihren Wahrheitsanspruch, auf den mathematischen Realismus, zurück. Penelope Maddy wird mit dem von ihr vertretenen Naturalismus insofern von Bedeutung sein, als dieser dazu beiträgt, auch den Begriff der Wahrheit auf einen disziplininternen Begriff hin zu relativieren. Ich werde versuchen, zu argumentieren, daß diese Ansicht auch berechtigte Holismusargumente vor eine Herausforderung stellt.

Die Argumente für eine Einbeziehung von mathematischen Aussagen in die Menge der durch ein Experiment geprüften Hypothesen sind vielfältig. Es ist wissenschaftstheoretisch durchaus berechtigt zu fragen, inwiefern denn ein experimentelles Vorgehen die Überzeugung bezüglich einer Aussage erhöhen oder verringern kann. Zudem ist es bis zu einem gewissen Grade möglich, auf diese Art zu zeigen, daß Zusatzannahmen zu einem Experiment und einer These, die in vielen verschiedenen Experimenten nicht in Frage gestellt werden, auf Dauer eine empirische Unterstützung erhalten. Gerade in der Mathematik stellt sich die Frage aber auch andersherum, denn wer wäre vorschnell bereit, die Wahrheit einer für ein Experiment benutzten mathematischen Theorie aufzugeben, wenn das Experiment die Vorhersagen nicht bestätigt? Die besondere Begründungsfähigkeit, die normalerweise der Mathematik zukommt, ihr Allgemeinheitsanspruch und andere Eigenschaften machen die Auffassung, Mathematik könne durch Experimente »widerrufen«werden, nicht trivial. Dies kommt auch in der wissenschaftlichen Praxis zum Ausdruck, zumal oft mit Experimenten zwischen verschiedenen Hypothesen ausgewählt werde, die auf demselben wissenschaftlichen Rahmen beruhen [Resnik 98, S.231]. Resnik führt eine Trennung ein zwischen zwei wichtigen Bereichen der am Anfang dieses Abschnitts genannten Zielstellung, der Mathematik einen empirischen Hintergrund zu verschaffen [Resnik 98, S.227].

Der eine Bereich sind die verschiedensten sogenannten Unverzichtbarkeitsargumente für die Wahrheit mathematischer Thesen. Es handelt sich hierbei um Argumentationsgänge, die aus der weitgehenden Beteiligung von Mathematik an Wissenschaften, insbesondere empirischen, jeder Art schließen, daß wir der Mathematik einen Wahrheitsanspruch zubilligen müssen, wenn nicht das gesamte Wissenschaftssystem diesen in einer gewissen Hinsicht verlieren soll. Resnik skizziert verschiedene Gedankengänge, die zu einem solchen Schluß führen können. Dabei spricht er Argumenten von Sober und Maddy gegen Quines Unverzichtbarkeitsargumentation eine gewisse Berechtigung zu, die den Schluß von herkömmlichen Wissenschaften auf Mathematik aus verschiedenen Gesichtspunkten heraus angreifen, die auf die Frage abzielen, ob Wissenschaften in ihrer jetzigen, häufig von Inkonsistenz oder praxisbezogenen Entscheidungen geprägt seien, ein solcher umfassender Wahrheitsanspruch zukommen sollte [Resnik 98, S.232f]. Er bietet dann Alternativen an, die eher auf die Mathematik als Hintergrundrahmen zur Formulierung von Annahmen und zum Vollziehen von Schlüssen [Resnik 98, S.233] oder auf die in der Praxis untrennbare Verbindung zwischen Mathematik und anderen Wissenschaften [Resnik 98, S.234] abzielen. Diese beiden Versuche, Wahrheit von Mathematik über ihre Eingebundenheit in Wissenschaft zu etablieren, erscheinen mir durchaus fruchtbar. Es stellt sich jedoch wieder die Frage, ob Wissenschaft und wissenschaftliche Aktivitäten überhaupt einen umfassenden Erkenntnisanspruch erhalten, der nicht wenigstens in gewisser Weise durch den menschlichen Einfluß auf diese Praxis relativiert wird[16].

Resniks lokalisierter Holismus versucht, im Wissenschaftssystem eine gewisse Hierarchie verschieden globaler Wissenschaften aufzubauen. Eine solche Hierarchie, die sich natürlich nicht ganz scharf formalisieren lasse, zeige sich in der Wissenschaftspraxis darin, welche Disziplin im Standardfall als kompetent angesehen wird, aufgrund eigener Ergebnisse jene einer anderen Wissenschaft in Frage zu stellen [Resnik 98, S.238]. Die internen, lokalen Standards, die sich in den Wissenschaften herausgebildet haben, erhalten nach Resnik durchaus die Berechtigung, in besonderen Fällen die Rahmentheorien, mit denen sie arbeiten, zu revidieren. Interessanterweise sieht er die Berechtigung dazu vor allem in dem Versuch, ein funktionierendes Wissenschafts- und Wissenssystem zu erhalten, weniger in einer im Voraus gegebenen Grundlage [Resnik 98, S.239]. Es sei für Wissenschaftler in den meisten Fällen vermutlich erfolgversprechender, globale Theorien zu fixieren und ihre eigenen, lokaleren zu prüfen [Resnik 98, S.240f]. In dieser Bezogenheit auf ein funktionierendes Wissenssystem sieht Resnik auch empirische Bestätigung als ein eher *pragmatisches* Argument für die Rolle mathematischer Theorien. Gleichzeitig solle auch mathematische Praxis und die Entwicklung von Standards mit einem Blick auf das gesamte Wissenschaftssystem geschehen. Der Mathematik komme insgesamt also vor allem wegen ihrer globalen Rolle im Wissenschaftssystem eine starke Rechtfertigung zu [Resnik 98, S.241]. Resniks sehr berechtigte Tendenz zur Lokalisierung hat sich schon beispielsweise in seiner Behandlung der innermathematischen Referenz gezeigt. Ein derart bescheidener Wahrheitsanspruch wird sich potentiell von dem des Platonismus entfernen. Denn die Revision mathematischer »Fakten«, wenn sie irgendwann soweit akzeptiert sind, daß sie nicht nur als Produkt der menschlichen Mathematik, sondern auch wirklich als *Wahrheiten* akzeptiert werden, kann dem Platonismus kaum noch entsprechen. Eine andere Möglichkeit zumindest für strengen Platonismus wäre es, jede mathematische Aussage, die nach dem Holismusprinzip revidiert wird, eben dann als Produkt der begrenzten menschlichen Erkenntnisfähigkeit anzusehen. In jedem Fall sind die Probleme, die sich für den Platonismus aus der holistischen Sichtweise Resniks ergeben, eher gradueller Natur. Sie sind unter anderem davon abhängig, wie fest eine mathematische Aussage schon ins Wissensgefüge integriert ist oder davon, wie einfach es nun ist, mathematische Theorien mit Hilfe lokalerer Wissenschaften zu revidieren. Es kommt aber auch darauf an, wie groß die Fähigkeit des Menschen zur Erkenntnis mathematischer Wahrheiten *und* solcher aus anderen Disziplinen eingeschätzt wird.

Die Möglichkeit, welche der Mathematik aber sehr häufig offensteht, ist jene, die Anwendung der benutzten mathematischen Theorie als inadäquat zu bezeichnen, wenn ihre Voraussagen für ein Experiment nicht eintreten [Resnik 98, S.242]. Resnik wendet sich sowohl gegen »strikten Holismus«, der diese Option nicht immer zuläßt [Resnik 98, S.242f], als auch gegen sogenannten Separatismus, der umgekehrt die Möglichkeit einer Revidierung der Mathematik zugunsten einer Trennung von ihrer Anwendung ausschließt [Resnik 98, S.243]. Beide Kritiken sind mit Resniks Form des Platonismus vereinbar. Einerseits erhält er sich die Möglichkeit, Mathematik immer als nur »unangebracht«angewendet zu sehen, was auch mit seiner Vorstellung der reinen und angewandten Mustertheorien parallel geht. Andererseits betont er ja die begrenzte menschliche Fähigkeit, Wahrheit zu erkennen und zu überprüfen[17], so daß eine Revision von Mathematik in einigen wenigen Fällen durchaus in Frage kommt. Meiner Einschätzung deutet sich hier ein Verständnis der Revidierbarkeit von Mathematik an, das zweckgerichtete und praktikable Entscheidungen integriert. Bei aller gebotenen Konzentration auf den Erhalt eines berechtigten Erkenntnisanspruchs von globaleren Wissenschaften scheint mir der Aufbau bzw. Erhalt eines insgesamt widerstandsfähigen und flexiblen Wissenschafts- und Wissenssystems ein sehr wichtiges Ziel zu sein. Resnik meint, seine Position würde unter anderem mit der Holismuskritik Penelope Maddys vereinbar sein [Resnik 98, S.241]. Ich möchte nun aber aufzeigen, daß der von ihr vertretene Naturalismus noch etwas weitergehend ist und auch einen Angriff auf die Unverzichtbarkeitsargumente ermöglicht.

Der Naturalismus nach Penelope Maddy ist eine Position, nach der Philosophie nicht wirklich die Möglichkeit und Berechtigung besitzt, eine außerwissenschaftliche Position einzunehmen und aus dieser heraus Wissenschaften, insbesondere Naturwissenschaften und Mathematik, kritisch zu beobachten [Maddy 98, S.176]. Ohne ihre besondere Berechtigung und ohne qualitativ hochwertigere wissenschaftliche Standards sei die Aufgabenstellung der naturalisierten Philosophie jedoch nicht völlig weggefallen [Maddy 98, S.177f]. Stattdessen sollten PhilosophInnen hauptsächlich aus ihrer anderen Perspektive und mit ihren philosophischen Wissenschaftsmethoden versuchen, die Wissenschaften auf Inkonsistenzen in ihren Behauptungen und philosophischen Ansprüchen zu überprüfen:

> »What we are up against is the problem of separating the scientist's unscientific claims (about scientific topics) from her properly scientific claims.«[Maddy 98, S.179]

Warum sollte man eine solche Positionierung der Philosophie im Wissenschaftssystem akzeptieren? Aus einer gehobenen philosophischen Position heraus ließen sich manche wissenschaftlichen Urteile und Entscheidungen sicher leichter kritisieren? Zudem ist die Aufgabenstellung der Philosophie im Feld der Wissenschaftstheorie sicherlich nicht so klar umrissen, es könnte ja noch andere hinterfragenswerte Ansprüche von Wissenschaft als jene außerwissenschaftlichen Wahrheitsansprüche, die der Naturalismus kritisiert. Beispielsweise ließe sich der Anspruch der Wissenschaft gegenüber religiösen Weltanschauungen überprüfen[18]. Auf diese Fragen würde ich derart antworten, daß die Stellung der Philosophie im Wissenschaftssystem genauso wenig klar bestimmt ist, wie ihre *Aufgaben*stellung in der Betrachtung des Wissenschaftssystems. Ein vorsichtiges Herangehen schützt vor Argumentationen, die sich später als fruchtlos herausstellen. Aus dieser Perspektive ist die Suche nach Argumentationen gegen alle möglichen hinterfragenswerten Vorgehensweisen und Annahmen im Wissenschaftsbetrieb ebenso ein Versuch, ein Instrumentarium und Thesen zu erarbeiten, die aus verschiedenen Ansichten über den Bewertungsanspruch der Philosophie heraus anwendbar sind. Eben diese Strategie scheint mir auch bei einer Platonismuskritik interessant. Wenn sich zeigen läßt, daß Platonismus selbst von einer derart bescheidenen philosophischen Position wie der Maddys aus angreifen läßt, wäre diese Position offensichtlich fast immer schweren Argumenten ausgesetzt. Die Position des Platonismus in der Menge der mathematikphilosophischen Ansätze wäre also geschwächt.

In dieser Hinsicht seien Aussagen über die Wirklichkeit oder Wahrheit bestimmter wissenschaftlicher, auch mathematischer Gegenstandsbereiche, z.B. die Existenz von Atomen, als Konzepte zu sehen, die sich auf Intradisziplinarität überprüfen lassen. Unmittelbare Formen des mathematischen Realismus wären aus dieser Sicht nicht abzulehnen, »innermathematischer«Realismus gehöre zu den berechtigten Prinzipien der Disziplin [Maddy 98, S.181]. Bis zu dieser Hinsicht ist der Resniksche Realismus sicherlich mit Maddys Ansichten über intradisziplinäre Standards vereinbar.

Doch Maddys skizzierter Versuch, einen mengentheoretischen Realismus aufzubauen, zeigt ihr mehrere Schwierigkeiten bei Anwendung auf ein mathematisches Problem dessen Lösung zwischen zwei gleich gut oder schlecht begründbaren Zusatzannahmen entschieden wird und das sich nur sinnvoll behandeln läßt, wenn eine solche bis dahin unentschiedene Frage überhaupt gestellt werden darf: 1. Das benutzte Unverzichtbarkeitsargument verlangt die Annahme einer wohlgeordneten Gesamttheorie, deren Bestätigung dann auch die in ihr enthaltenen Einzelannahmen bestätigen würde. Gerade eine solche ist aber nicht im entferntesten vorhanden, es herrscht eine große Mischung von teilweise inkonsistenten Theorien, von denen einige sogar nur eine *nützliche* Stellung besitzen, obwohl sie von sehr theoretischen Standpunkten aus sogar falsch oder wenigstens ungenau sind [Maddy 98, S.185f]. 2. Die angenommene Analogie zwischen Mathematik und Naturwissenschaften greift deshalb nicht, weil der Mathematik gerade bei solchen unentschiedenen Hintergrundannahmen Entscheidungen nach »Günstigkeit«offenstehen, den Naturwissenschaften aber weniger [Maddy 98, S.186f]. 3. Die Konsequenz von 2. ist, daß gerade in der Mathematik eine gewisse Freiheit besteht, Theorien in einer gewünschten Richtung zu entwickeln, was ja einem extradisziplinären Wahrheitsanspruch, und genau dieser ist es, den Maddy hier kritisiert, nicht unbedingt zuträglich ist [Maddy 98, S.187]. Der Schluß, den Maddy daraus zieht, ist eindeutig: naturalistische Philosophie muß der Wissenschaftssprache ihre metaphysischen Aspekte nehmen, ihre unnötigen, extradisziplinären Begründungen auf die intradisziplinäre Ebene zurückführen. Diese Metaphysik sei in der Mathematik eben der Platonismus, der in extrem extramathematischer und sogar außerwissenschaftlicher Art das Studium außerweltlicher, nicht raumzeitlicher Entitäten postuliere [Maddy 98, S.189]. Die Entwicklung innermathematischer Standards und eines innermathematischen Realismus als methodologischem Hilfsmittel seien eigentliche Aufgaben einer sinnvoll begründeten Mathematik [Maddy 98, S.193].

Läßt sich dieser Standpunkt aus dem Naturalismus nun auch wirklich begründen? Die Antwort darauf fällt nicht klar und endgültig aus, zumal es ja auch verschieden restriktive Arten von Platonismus gibt. Einige der Annahmen des klassischen Platonismus sind allerdings von der naturalistischen Kritik betroffen. Die Annahme der außerweltlichen, völlig vom Menschen unabhängigen Wahrheiten beispielsweise ist davon abhängig, zu erklären, wie solchen zustandekommen, zumal eine Überprüfbarkeit an der uns umgebenden Umwelt häufig nicht gegeben ist. Dies gilt insbesondere wenn der oben beschriebene Weg angewendet wird, bei Problemfällen eine falsche Anwendung mathematischer Fakten zu postulieren. Auch nicht raumzeitliche Objekte und unsere Verbindung zu ihnen lassen sich naturwissenschaftlich nur schwer begründen oder überprüfen. Bei diesen Annahmen läßt sich die Einschätzung, sie hätten metaphysische Aspekte, schwerlich umgehen. Gemildert wird diese Ansicht durch einen Holismus in Resnikscher Ausprägung oder die Annahme von mathematischen Fakten und Objekten als in gedanklichen Konzepten verankert oder repräsentiert sicherlich. Dennoch bleibt zu erklären, wie mathematische Fakten das Denken einschränken, wie sie Annahmen als wahr oder falsch erscheinen lassen. Dies gilt ohnehin bei Isaacson, aber auch Resnik kann schwerlich erklären, wie der von ihm angenommene Weg des Erwerbs mathematischer Überzeugungen wirklich Wissen darstellt, da ja auch ihm gegenüber der Überprüfung in der Welt in seiner Form des Holismus und auch in seiner Musterontologie immer die Ablehnung gegenüber der Anwendung einer spezifischen Mustertheorie offensteht. Um die Verbindung des menschlichen Geistes mit mathematischen Fakten zu erklären, die ja offensichtlich nur selten in der Welt überprüfbar sind[19], wird vielleicht nicht unbedingt eine außerwissenschaftliche, auf jeden Fall aber eine nicht nur mathematische Theorie benötigt. Platonismus benutzt solche Postulate aber, bevor von der Kognitionswissenschaft oder aus einer anderen Disziplin wirklich Ergebnisse geliefert würden. Dies zu kritisieren liegt definitiv im Rahmen des Naturalismus. Und selbst in einem Falle, in dem Ergebnisse anderer Disziplinen vorliegen, die gewisse Fakten über die durch Mathematik beschränkten Gedankengänge liefern, steht noch immer die Frage offen, ob nicht-mathematische Gedankengänge oder auch anscheinend trivial »falsche« Theorien wirklich in jeder mathematischen Faktenkonzeption falsch wären. Denn es wäre immer noch nicht klar, ob unser Denken denn von *allen* mathematischen Wahrheiten beschränkt wird. Über die philosophischen Zweifel, die man den zugrundeliegenden kognitionswissenschaftlichen Ergebnissen entgegen bringen könnte, wie es ja auch mit der Mathematik der Fall ist, möchte ich hier nicht weiter diskutieren. Ich hoffe aber, gezeigt zu haben, daß selbst bescheidene Platonismusversionen wie jene von Resnik noch vom Naturalismus Kritik erfahren.

Wie bereits beschrieben, kommt Resniks Auffassung, und vielleicht sogar die von Isaacson, manchen der von Maddy beschriebenen *wirklichen* Ziele der Mathematik überraschend nahe. Es ist dann aber zu fragen, wie stark eine solche philosophische Auffassung noch als Platonismus verstanden werden kann. Das von Resnik skizzierte Unverzichtbarkeitsargument deutet darauf natürlich noch hin. Aber von seinem Standpunkt ist es nicht mehr weit bis zu einer relativ gemäßigten Auffassung zu Wahrheit und Objektbezogenheit in der Mathematik.

6. Bewertung

Das Ziel dieses Artikels ist es, die beiden Positionen von Resnik und Isaacson in verschiedener Hinsicht zu vergleichen. Beide gingen von einem Strukturalismus in der Mathematik aus, wobei dieser ontologisch bei beiden anders ausgeprägt war. Es hat sich wie erwartet erwiesen, daß insbesondere Probleme der Referenz bei Annahme eines mathematischen Objektbereichs in verschieden starkem Maße gemildert werden können. Resniks Erklärung ist dabei zu einer Relativität der Referenz gelangt, die ihn wiederum als sehr bescheidenen Platonisten kennzeichnet. Offensichtlich bietet der Strukturalismus auch Material für die Entwicklung einer relativ kognitionsbezogenen mathematischen Epistemologie, wobei hier Resniks Ansatz zu einer Geschichte des Erwerbs mathematischer Überzeugungen einerseits feingliedriger ist als jener Isaacson. Andererseits nimmt Resnik auch hier eine extrem vorsichtige Position hinsichtlich der Fähigkeit, wirklich mathematische Wahrheiten zu erlangen, die ihren Status auch außermathematisch erhalten. Immerhin scheint er dennoch das Ziel zu haben, die Existenz solcher Wahrheiten zu begründen. Isaacsons Auffassungen sind strikter, aber dafür sind seine Erklärungen hinsichtlich der Erfassung einer Wahrheit im übertragenen Sinne durch menschliche Mathematik auch problematischer. In der Anwendung auf das spezielle mathematische Problem gibt es bei beiden Autoren sozusagen technische Schwierigkeiten, die aber bei ihrer Bearbeitung auch fruchtbare Erkenntnisse für die Ontologien beider Autoren eröffnen könnten. Wie beschrieben, eröffnet selbst eine Position wie jene von Penelope Maddy einen Argumentationsweg dafür, daß Platonismus als relativ metaphysische Begründung für Mathematik ungeeignet ist. Beide Autoren schaffen es auch nur in geringem Maße, eine außerweltliche Wahrheit mathematischer Theorien zu erklären, wobei Resnik, wie gesagt, eine so bescheidene Position einnimmt, daß er aus gewissen Kriterien selbst von modernem Platonismus auszubrechen scheint. Aber die Annahme überhaupt einer Art außerweltlicher, für alle gemeinsamer Wahrheit ist meiner Ansicht nach völlig unnötig. Die Standards und intradisziplinären Begründungen sind auch epistemologisch und philosophisch viel wertvoller, als ihnen vielleicht zugestanden wird.

Anmerkungen

1

Man könnte auch unvollständiger Weise von Wahrnehmung oder Perzeption sprechen, würde damit aber andere Versuche ausschließen, Wahrnehmbarkeit von mathematischen Fakten zu erklären.

2

und manchmal auch nicht trivialerweise

3

Der von Resnik benutzte Begriff »Occurrence«könnte auch mit Vorkommen übersetzt werden. Diese Bezeichnung werde ich an einigen Stellen im Text verwenden, wenn das übergeordnete Muster eine geringere Rolle spielt.

4

Daß dieser Begriff für Resnik nicht akzeptabel ist, ändert nichts daran, daß er hierüber den Begriff von Positionen in Mustern eingeführt hat.

5

Dies ist für die Frage mathematischer Intuition durchaus ein gewichtiges Argument. Daß es bestimmte erwünschte Eigenschaften von Mathematik oder mathematischem Denken dennoch nicht untermauert, werde ich noch ausführen.

6

Resnik betont, daß er nicht nur unterschiedlichste Individuen, sondern auch soziale Gruppen in den Gültigkeitsbereich der von ihm beschriebenen Phänomene einbezieht [Resnik 82, S.96].

7

Ob Menschen allerdings nicht gewisse »angeborene«unterbewußte Grundkonzepte z.B. von »mehr«und »weniger«besitzen, möchte ich an dieser Stelle nicht erörtern.

8

Daß diese scheinbar recht abstrakten Vorgänge dennoch eher unbewußt ablaufen, halte ich für wahrscheinlich

9

Andererseits ist die Argumentation darüber, wie schnell sich Mathematik historisch entwickelt habe und wieviele Menschen heutzutage Mathematik in größerem Maße betreiben, begrenzt aussagekräftig. Denn vor der jahrtausendelangen Entwicklung der Mathematik verlangte die Sprachentwicklung ein Vielfaches an Zeit. Ebenso war historisch Lesen und Schreiben auch keine Fähigkeit großer Bevölkerungsschichten.

10

Andere Aufteilungen oder überhaupt deskriptivere Beschreibungen dieses Vorgangs sind sicher möglich.

11

In der heutigen Zeit mit ihren vielen virtuellen Welten und beliebig tiefer Schaftelung von Metaebenen treten pathologische Fälle aber häufiger auf. Diesem Umstand sollte durch bewußte Reflexion entgegengewirkt werden.

12

An dieser Stelle ist die Bezeichnung »Begriff« vielleicht passender, aber insgesamt kommen in der Mathematik Gedankenkonstruktionen vor, die in ihrer Vielfalt und Verschiedenheit mit dem etwas offeneren Wort »Konzept«besser bezeichnet werden.

13

nach der Definition Isaacsons, nicht etwa die von ihm als Objekte charakterisierten Strukturen der Modelltheorie

14

Ich möchte erwähnen, daß eine mathematische Konzeption sich nicht hauptsächlich auf ihre instinktive Zugänglichkeit konzentrieren sollte, wenn es vor allem um einen Wahrheitsanspruch geht. Aus einer nicht platonistischen Sichtweise, die man ja gegenüber Resnik und Isaacson einnehmen könnte, ist Mathematik jedoch ohnehin eine menschliche Wissenschaft wie andere auch, woraus sich auch ihr begrenzter oder wenigstens nicht fest bestimmter Wahrheitsanspruch ableitet. Sogar VertreterInnen des Platonismus könnten annehmen, daß es zwar mathematische Wahrheiten gibt, daß diese aber vom Menschen und seiner Art, Mathematik zu betreiben, überhaupt nicht erarbeitet werden können. Von dieser Position aus scheint es mir bei allem nötigen Abstand berechtigt, intuitiv zugängliche Konzeptionen tendenziell zu favorisieren.

15

Mit dem Beispiel der Reduktion eines großen Musters auf Mengentheorie hat Resnik schon selbst ein Beispiel gegeben [Resnik 81, S.542].

16

Ich spreche hier natürlich nicht einfach von *falschen* Ergebnissen im herkömmlichen Sinne. Aber nicht erst bei sehr abstrakten Fragestellungen gibt allein schon die Formulierungsweise oft andere, neue Perspektiven und Erkenntnisse.

17

Dies hat bei ihm, wie ich auch bereits erläutert habe, nichts mit a priori Wahrheiten zu tun.

18

Um Mißverständnisse auszuschließen, möchte ich betonen, daß ich kein Anhänger von Religionslehren irgendwelcher Art bin.

19

Die Menge mathematischen Wissens übersteigt sicher bei weitem die Zahl seiner naturwissenschaftlichen Anwendungen.

Literatur

Isaacson 94
Isaacson, Daniel (1994), Mathematical Intuition and Objectivity. In: *Mathematics and Mind*, Hg. A. George, Oxford, S. 118-140.

Maddy 98
Maddy, Penelope (1998), Naturalizing Mathematical Methodology. In: *The Philosophy of Mathematics Today*, Hg. M. Schirn, Oxford, S. 175-193.

Resnik 81
Resnik, Michael D. (1981), Mathematics as a Science of Patterns: Ontology and Reference. In: Noûs, Bd. 15, S. 529-550.

Resnik 82
Resnik, Michael D. (1982), Mathematics as a Science of Patterns: Epistemology. In: Noûs, Bd. 16, S. 95-105

Resnik 98
Resnik, Michael D. (1998), Holistic Mathematics. In: *The Philosophy of Mathematics Today*, Hg. M. Schirn, Oxford, S. 227-246.

Dieser Titel wurde vermittelt durch die
B&P Verlagsagentur
B&P Wissenschaft
Chausseestraße 101
10115 Berlin
directmail:
BPlektorat@aol.com

ibidem-Verlag
Melchiorstr. 15
D-70439 Stuttgart
Germany

www.ibidem-verlag.de
info@ibidem-verlag.de

Zeitfracht Medien GmbH
Ferdinand-Jühlke-Straße 7
99095 Erfurt, Deutschland
produktsicherheit@kolibri360.de